超凡自我

TAKE CHARGE
OF YOU

How Self-Coaching Can Transform
Your Life and Career

(David Novak)　　　　　(Jason Goldsmith)

〔美〕戴维·诺瓦克　杰森·戈德史密斯——著

钱懿彬——译

中国原子能出版社　中国科学技术出版社

·北　京·

北京市版权局著作权合同登记　图字：01-2023-3208

图书在版编目（CIP）数据

超凡自我 /（美）戴维·诺瓦克（David Novak），（美）杰森·戈德史密斯（Jason Goldsmith）著；钱懿彬译 . —北京：中国原子能出版社：中国科学技术出版社，2024.1

书名原文：Take Charge of You: How Self-Coaching Can Transform Your Life and Career

ISBN 978-7-5221-2946-4

Ⅰ . ①超… Ⅱ . ①戴… ②杰… ③钱… Ⅲ . ①成功心理—通俗读物 Ⅳ . ① B848.4-49

中国国家版本馆 CIP 数据核字（2023）第 161609 号

策划编辑	何英娇	执行策划	陈　思
责任编辑	付　凯	文字编辑	孙倩倩
封面设计	马筱琨	版式设计	蚂蚁设计
责任校对	冯莲凤　邓雪梅	责任印制	赵　明　李晓霖

出　　版	中国原子能出版社　中国科学技术出版社
发　　行	中国原子能出版社　中国科学技术出版社有限公司发行部
地　　址	北京市海淀区中关村南大街 16 号
邮　　编	100081
发行电话	010-62173865
传　　真	010-62173081
网　　址	http://www.cspbooks.com.cn

开　　本	880mm×1230mm　1/32
字　　数	110 千字
印　　张	6.75
版　　次	2024 年 1 月第 1 版
印　　次	2024 年 1 月第 1 次印刷
印　　刷	北京华联印刷有限公司
书　　号	ISBN 978-7-5221-2946-4
定　　价	69.00 元

专为你量身打造……

最佳指导与训练

目　录

CONTENTS

第三章　自我训练计划——自我剖析，实现转变

第四章　自我训练旅途——在深刻的见解之上采取行动

第五章　自我训练习惯——持之以恒，努力进步

引言

竭尽全力，成为最好的自己

每个人都想在人生中、在职场上获得成功，但问题是该怎么做。本书会带来大部分教练不会告诉你的训练方法。你将要学到的是通向成功的"自我训练"法则。

几年前，谷歌公司制订了"氧气计划"（Project Oxygen），希望找出优秀管理者应该具备的品质，并通过该计划确定管理者究竟有没有实际价值。团队成员共同努力，分析数据，最终得出了一个确切的结论：管理者十分重要，并且优秀的管理者身上总是呈现出八种相同的品质。猜猜看位列第一的品质是什么？对成功的管理者而言最重要的品质是什么？答案是：优秀的管理者首先得是一名优秀的教练。

当然，这也没什么可惊讶的。良好训练的重要性早已得到过研究，相关论文也不少。它能帮助人们：更清晰地认识自己，审视自己的人生经历；更有效地适应环境；拓展知识，增强能力；认清自己的需求，在努力的同时不至于偏离轨迹。简而言之，良好训练可以让人们无限接近自己的上限，成为最好的那个自己。

然而，尽管良好训练的益处尽人皆知，但真正落到实处的却不多。畅销书《情商》的作者，心理学家丹尼尔·戈尔曼（Daniel Goleman）在确定了六种典型的领导风格的基础之上写道，尽管训练对结果的改善有目共睹，"但训练风格（六种领导风格之一）在高压经济①下却是最少见的。"

那些需要良好训练的人该怎么办？

需求是显而易见的。不知道有多少研究数据显示员工在岗位上自由散漫、没有动力了。盖洛普公司（Gallup）的数据年年如此，但人们好像就是不愿意做出一点儿改变。根据盖洛普公司最近发布的《全球工作场所报告》，85% 的员工都没有努力工作。这意味着，有许多人坐在那里，用一天中四分之一以上的时间做着完全不喜欢的工作。

在过去的十多年里，美国人用最快的速度开创了许许多多新的业务。他们越来越青睐自由职业或是线上工作，越来

---

① High-pressure economy，指人为制造强劲的总需求以及劳动力短缺状态并持续一段时期，从而修复经济危机带来的创伤。

越喜欢居家办公。这意味着大部分人身边都缺乏一位可以担当"教练"的管理者或是导师。这种情况下，除了支付高昂的费用，人们几乎没有其他的渠道可以获得个人训练。单干也好，打工也罢，面对日益激烈、风云变幻的市场竞争，不知道如何提高自己能力的人终会落于人后。

所以，想要进步，想要有所成就的人应该做什么？他们应该坐等自己的公司规划相应的项目，还是期待一下自己的老板能够具备相应的训练技能，帮助他们获得成功？那些自由职业的人、失业的人、想要换份新工作的人、退休的人呢？通常，处于过渡期的人们，在职业和生活上（比如，搬家去新的小镇；建立家庭；从伤病或哀痛中走出来）都最需要获得训练，但大部分人最后只能自己解决。这些人究竟该去哪里寻找他们渴求的训练呢？

教练有多重要，足够靠谱的教练就有多稀缺——事实上，真正的训练有着巨大的需求缺口。对大部分人来说，那些靠谱的教练的课程通常都价格高昂且供不应求，但这并不意味着你应该就此放弃。人生如此重要，不要轻易放弃个人成长、职业发展的机会，是时候把训练的责任扛在自己肩上了。你应该满足自己的需要、为成功努力、不断成长，过一个更加充实的生活。"掌控你自己",学会自我训练吧。

* * *

杰森:训练自己不是一个人埋头苦干,不去寻求他人的帮助和指导,而是不断地寻找提高自己的方法,利用好身边能够提供帮助的一切人或物。

我们想提供那样的帮助,在自我训练的过程中给你一些指导。在训练这一行我们干了不知道多少年,成功帮助数千人改变了他们的人生和职业生涯。我们知道如何训练他人,也知道如何训练自己,我们有足够的专业背景,可以在商业、行为表现和生活等方面提供一系列训练技巧,你在其他地方一定找不到。

我们俩第一次见面,是因为我和戴维都认为即使在职业生涯的后期,互相寻求训练的帮助也十分有意义。一开始,戴维只是想找个人教自己打高尔夫球。我的绩效训练从根本上起到了作用,让他进步了许多。之后,我们开始以另一种方式相处,互相了解对方,成为亲密的朋友。就是在那个时候,戴维开始利用他专业的训练能力帮助我建立自己的商业。

在这个过程中，我们注意到彼此身上有一些相同的品质，这些品质构成了训练的基本要素——不管是在职场上还是在高尔夫球课程上。此外，掌握训练技能——尤其是自我训练的技能——使我们在无数方面获益。我们不仅在职业生涯上，在生活的方方面面也都因为掌握了宝贵的训练技能而受益匪浅。

* * *

戴维：1997 年我在百事公司工作，领导着三家餐饮品牌中的两家——肯德基和必胜客。那个时候，公司做了个决定，要把旗下的餐饮部门独立出去，成立一家全新的公司。这个决定被严格保密，所以当百事公司的首席执行官罗杰·恩里科（Roger Enrico）把我叫进办公室并告诉我这件事的时候，我整个人都呆住了。更让我惊讶的是——而且不是什么好事——我将和百事公司餐饮品牌中的另一家——塔可钟（Taco Bell）的领导者一起"联合领导"新公司。

"联合领导"可不是听上去的意思。相对于这个职位的另一个职位是首席执行官，而我会被称为总裁，也就是二把手。有时候我就算不太赞成某些做法也什么都不能说。而且也不能向任何人寻求意见。新的管理团队将成为一个秘密，直到百事做好准备对外公开为止。这意味着一切问题我都得自己看着办。

我觉得可以先考虑一下恩里科的做法。他对塔可钟的领导者还比较陌生，所以我建议他晚餐的时候与其见个面，相互了解一下。当恩里科把联合领导的想法丢给我的时候，他心里想的是，塔可钟的领导者更有经济头脑，所以更适合当首席执行官，而我适合当副手。但是当我们聊天的时候，我发现事实未必如此。他之前在连锁便利店工作过，是管理层的一员，带领公司脱离了破产重组的命运。但是据我了解，他主要是在运营方面发挥了作用，而金融板块是由其他人负责的。同样让我不舒服的是，他在餐饮企业的经验并没有我多，而且，看上去也不像我一样对工作充满热情。他更喜欢讨论我们能挣多少钱。虽然职业背景确实有所不同，但谈话结束的时候，我相信自己在这份工作上，比上不一定足，但比他还是绰绰有余的。

当然，想是一回事，让别人认可我又是另一回事。那次见面后，我开始尝试说服恩里科我才是应该担任最高职务的人。但对于我没有立刻接受联合领导职位的做法，恩里科并不是很高兴，加上我还回复他说我在考虑别的出路，没过几天我就接到了人事部门经理的电话。

"戴维，如果再不小心点，你会被开除。"他告诉我。

"如果你们这帮人想开除我，那就这么干，开了我。"我说。

当时我很烦躁，回话中也没有掩饰情绪，所以刚挂电话，我就意识到自己惹上大麻烦了。和老板叫板往往只有一个人能笑到最后，并且那个人不会是你。我意识到自己需要换一个思路去处理这件事才能得到想要的一切。

我很清楚恩里科并不想解聘我，他欣赏我的专业能力，而且工作之外我们是朋友，但我需要弥补这次的问题。为此，我要让他知道，我有多么感激他为我做过的一切。我还要让他明白，如果他不得不在塔可钟的领导者和我之间做个选择，我才是那个显而易见的最佳人选。所以我整理了一份多达30页的报告，和他见了面。

见面那天是假期，所有人都提前下班休息，他们静悄悄地离开办公室，弄得气氛很古怪。我先为自己情绪化的行为道了歉，并解释了原因——在我看来，事情不应该如此安排。恩里科知道我是个充满热情但稍微有些冲动的人，所以他接受了道歉。我也得以继续陈述我的观点。

在报告的最后，我对恩里科说："你觉得我做不了首席执行官，但我觉得我可以。我承认在金融领域没有你那样丰富的经验。所以我的诉求是，找一个能让我学习和效仿的人。"我列了几个名字，这些人在我眼里比塔可钟的领导者更适合当首席执行官。其中一个人是安迪·皮尔森（Andy Pearson），百事公司的前总裁，哈佛商学院的著名教授。我知道皮尔森丰富的经验可以补足我的短板。而且，他已经72岁了，相比之下会更早地转让主导权。恩里科听取了建议，聘请皮尔森进公司做了首席执行官，而我老老实实做总裁。我成功了，并且更重要的是，皮尔森成了我最亲密的朋友和盟友。尽管他和公司签了三年的合同，但共事两年后，他就把职位让给了我。于是，我成了当时世界上最大的餐饮公司——百胜公司（Yum!）的首席执行官。

如果不是在关键时刻训练自我，我可能这辈子都不会成为首席执行官，甚至差一点点就会搞砸一切。人事部门经理警告我的时候并没有在开玩笑。恩里科当时就是那么生气。

几年后，我从首席执行官的职位上退了下来，在一次检查中我确诊患了癌症。听起来可能很不可思议，但在治疗的过程中，我用相同的训练方法渡过了难关。稍后我会在书中更详细地展开这个故事，现在之所以提及，是想说明自我训练真的给了我太多的帮助。它让我接受现实的处境，学会谦逊地承认有太多的外部因素是我无法掌控的——但这并不意味着我无能为力。带着这样的思路，我学会了退一步思考自己想要什么样的发展，学习一切能够学习的知识，思考活下去最大的可能性，然后向着那个方向努力，直到进入病情缓解期。

* * *

杰森：我作为绩效教练为顶尖运动员提供服务已经有十一个年头了。这份工作给我带来了真正的快乐，也让我的生活充满意义。但我并非从一开始就清楚自己喜欢什么样的工作。事实上，我几经波折，从事过好几种不同的职业，这才进入了属于自身的那条正确航道。

过程的曲折大概与我不那么顺利的学业有关。我从来没有适应过学校里的生活。我艰难地挨过小学里的各种课程，尤其是阅读课。老师点我起来读书的时候我总是磕磕绊绊，被同学嘲笑。人们——不仅是我的同学，还包括我的老师——觉得我是个"笨小孩"。我总是被捉弄,因此常常和别人打架。没多久,我就被当成了问题学生。

大概正因如此,六年级的时候,我的老师希望我能留级。一整年我都在和她对着干,她也已经无法忍受下去。我的父母不得不参加一次又一次家长会,解决我的学科问题,而我的焦虑程度也一次又一次地加深。我发现别人在用一种截然不同的目光看待我,而且不是好的那种。我觉得,留级只会让事情进一步恶化。

到最后我的父母也没有接受学校和老师的建议,我和其他同学一起毕业了。那时候我彻彻底底松了口气,但现在我能意识到,创伤早已留下。自那时起,我相信自己就是要比其他人都笨一些。

我有阅读困难症(dyslexic)。查出症结所在并没有起到什么作用,起码一开始没有。我做过许多测试,在智力相关的测试中甚至得到了很高的分数,但即使如此,我对自己的看法也没有改变,因为它们早已根深蒂固。对那个时候的教育者而言,要学会诊断出"阅读困难症"之类的疾病并不是什么很普通的事情,更别说和阅读困难症患者正确相处了。我一直觉得,阅读困难症是我该藏起来的东西,所以我花了大把的时间和精力掩盖这个缺点。但事实上，当我高中毕业的时候，我连自己想要什么、擅长什么都不知道。最后，我加入了空军。不然我还能做什么呢？

我在队伍里的表现其实很不错，优于他人，所以后来我成了精英宪兵队伍的一分子，负责运输紧急需求代码为 A 的资源[①]。但是不久，我的职业生涯就戛然而止。在体检中我被诊断出患有心脏问题，这使我不得不离开队伍。之后我辗转回了美国，在一家船舶租赁公司上班。当时，我可以一边打工一边继续我的大学学业。我在这家公司待了十多年。十多年间，我指导（或者，现在称之为"训练"）了许多年轻的雇员。但最终我意识到，我并不想在一家船舶租赁公司干一辈子。

之后，我继续边自学边寻找各种可能性，想在这个过程中找到一两份新的工作（在之后的章节里我会更详细地聊一聊我最终到底是怎么样走上训练顶尖职业运动员这条路的）。

---

① 美国军队用"紧急需求代码"描述某项物资对于申请单位完成任务的必要性或重要性。该代码共分 3 个等级，分别用大写字母 A、B、C 表示，其中 A 级优先程度最高，C 级最低。——译者注

但我真正在寻找的东西其实是自我：我到底在意什么？我到底想干什么？我到底能为这个世界做什么？

那是我进行自我训练最重要的时期之一，我开始自问，我是谁。现在回想起来，我似乎还是把自己当成那个有阅读困难症的孩子，花两倍的力气去适应别的孩子能轻松做到的事，去隐藏令自己痛苦的缺点。但渐渐地，我发现我的这项"缺点"让我有了与众不同的优势。比如说，我培养出了一种对身边的人——对他们工作和思考的方式、做事的动机——的高度敏感性。一开始，我锻炼这种技能是为了保护自己，避开那些会歧视我或是对着我指指点点的人。但当我意识到，我并不需要再保护自己的时候，我发现我可以把这种技能"提供"给别人。我可以帮助其他人，激发他们的潜能。

原来一直以来我对自己的看法都是大错特错的。我不得不回避的，在学习上的"残疾"，其实给了我独特的"能力"。这种自我认识的重构，这种观念上的转变，为我的世界带来了无穷的可能性（这也是本书要教你的，自我训练中至关重要的技能）。自此，我走上了专业教练的道路，开始帮助其他人，让他们每天都能做最好的自己——还有什么比这更棒的呢？

我记得我的父亲总是跟我们说——估计得有一百次了——"我们或许没有世界上最漂亮的车，没有住在最漂亮的房子里，不能每天都穿最好看的衣服。但要记住，没有人能击败你，只要你做好你自己"。没有人能击败你，只要你做好你自己。所以不管什么时候，当你觉得自己好像永远得不到应得的东西时，就尽己所能，做到最好。

——马文·埃里森（Marvin Ellison），劳氏公司（Lowe）首席执行官

〜 训练到底意味着什么？

假如你要在办公室的角落或是自家客厅里养一株植物，让它长得又壮又高，就必须提供一定的外在帮助，否则往往会失败。可能是光源或者水源不充足，可能是空间不够，根部无法伸展，可能是暴露在了低于理想气温的环境中，也可能是培育的土壤不够营养。总之，有太多的失败因素。

但是，如果你对这株植物进行充分的了解，投入一定的精力，那么就能为它的茁壮成长做些什么。当然，斥责它

长不高，把它的树枝拿在手里尝试直接拉伸都不会有任何好处。你需要合理的方式——在有需要的情况下为它提供更充足的光照，或是移栽到更大的容器里提供更充足的生长空间。你不可能改变植物的基础特性，但是抱着正确的认识，采取正确的行动，你就可以利用已有的工具创造条件，为植物的旺盛生长提供最大的可能性。

自我训练也是同一个道理。激发自己所有的潜能不需要抗拒本能，也不用改变自己最本质的那一部分。不要揠苗助长，不需要责备自己、羞辱自己、斥责自己。你要做的是弄清楚你是谁，你的内驱力在哪里，然后设计一个流程，一张可以参考的蓝图。这张蓝图就在本书中，它会帮助你利用所学的知识创造茁壮成长的条件。

那种诱惑，那种像象棋大师一样领导，掌控每一步……的诱惑，是绝对不可取的。你应该像一个园丁一样创造条件，而不是指示方向。园艺式的领导方式绝不是被动接受环境。

——斯坦利·麦克里斯特尔（Stanley McChrystal），美国陆军退役上将

　　跟看上去的意思不太一样，自我训练并不要求你一个人做到一切。我们会充当你的代理教练，利用多年来的培训经验帮助你打开视野，获取信息，激发动力，让你在个人生活和职业生涯中都有所收益。为此，我们设计了一个简单、直接的流程，一个引导自我训练的旅程。本书会带着你按部就班地发现能够真正改变生活的是什么，制订详细的关于把梦想变为现实的计划，然后通过一定的流程启发你，引导你渡过难关。

　　更重要的是，本书将要呈现的不是被动式的阅读，而是一种交互式的体验。满满当当的练习、提示和问题会启发你的洞察力。我们要带来的不仅仅是必要的知识，还有工具。只有把知识运用到实践中才能产生持续有效的改变。

　　本书会带给你多个行业领军人物的故事，以此启发你，并将训练和指导落到生活实处。除了我们俩，你还会见到：美国职业橄榄球大联盟（NFL）传奇四分卫，汤姆·布拉迪（Tom Brady）；世界上任期最长的女性首席执行官之一，百事公司的英德拉·努伊（Indra Nooyi）；《财富》杂志"全球最伟大领袖"之一，劳氏公司首席执行官，马文·埃里森（Marvin Ellison）；《财富》杂志"全球最具影响力商界女性"之一，毕马威公司（KPMG）的琳内·杜格提（Lynne Doughtie）；美国精彩电视台（Bravo TV）明星，真人秀节目《百万美元豪宅：纽约》（*Million Dollar Listing New York*）和《像斯汉特一样销售》（*Sell it Like Serhant*）主演之一，莱恩·斯汉特（Ryan Serhant）；美国南方超明星主厨，爱德华·李（Edward Lee）；美国女子职业篮球联赛（WNBA）委员，德勤公司（Deloitte）第一位女性首席执行官，凯西·恩格尔伯特（Cathy Engelbert）。此外还有金融行业巨头，比如摩根大厦的首席执行官，杰米·戴蒙（Jamie Dimon）；科技行业领军人物，比如多尔达什（DoorDash）公司的徐迅（Tony Xu）；世界级退役或现役顶尖运动员，包括贾斯汀·罗斯（Justin Rose）、杰森·戴伊（Jason Day）、拉里·菲兹杰拉德（Larry Fitzgerald）、梅根·克林根贝格（Meghan Klingenberg）和雷蒙德·弗洛伊德（Raymond Floyd），以及其他诸多名人。

我们将他们的智慧汇聚于此，设计出了这套操作简单、按部就班的流程和练习方法，激发你做出真正的转变。我们相信，在尝试过自我训练之后，你一定会忍不住向着成功努力。别再坐等靠谱的训练出现，或者对教练和顾问的观点偏听偏信了。是时候把你的个人成长和职业发展掌握在自己手里了。

你唯一需要做好准备的一件事情是，对发挥自己的潜力怀揣渴望，并愿意打开自己的思维。之后，你就可以在任何心仪的道路上进行自我训练了。

～ 掌控行动：做好准备训练自己

我们希望这不只是一本翻过之后就会被放回书架上的书，而是一本可以用的书，一张可以随身携带的蓝图，带你从起点驶向向往的远方。为了达成这一目标，你会在整本书里反复看到被称为"掌控行动"的东西：书中的各种练习和工具会帮助你锤炼一路前进所需要的技能。

这种"锤炼"对任何想要成长和成功的人来说都必不可少，希望你能认真对待，多花一些时间，而不是浮光掠影地读完这本书。戴维曾在他的播客节目《看领导者们跟戴维·诺瓦克一起领导》（*How Leaders lead with David Novak*）中采访过凯西·恩格尔伯特。在这位女士成为美国女子职业篮球联赛和德勤公司的领导者之前，她是利哈伊大学

（Lehigh University）的一名篮球运动员，师从名人堂教练马菲特·麦格劳（Muffet McGraw）。恩格尔伯特一直记得麦格劳在训练时对队员们说的话，"比赛是靠训练赢来的，所以训练的时候要和比赛一样努力"。恩格尔伯特迈入商业圈的时候，将这句话记在了心里。"在一棵树上吊死的人永远无法胜出。"她解释道，"要想胜利，就要做好一切'准备'，谈成大生意，开拓新的收入渠道。"

带着这个想法，我们鼓励你现在就准备起来，尽可能地利用好本书中提供的"掌控行动"。每个人都有适合自己的方式，所以在整个过程中你或许需要准备一本专门的笔记本——在这本笔记本中写下问题的答案、进行练习、记录进步。

现在是第一项任务：用最适合你自己的方式做好准备，进入练习时间。不管什么时候，只要你在书里看见了像这样的图标就意味着要开始练习了！

第一章

自我训练对话——问自己几个关键问题

自我训练对话工具箱

- ⚡ 找出不快乐的根源
- ⚡ 找出快乐的基石
- ⚡ 发掘对你而言唯一的、最重要的东西（single biggest thing, SBT）
- ⚡ 展望你的目的地

贴士关键词

 掌控 ┊ 自我训练

> 启发我们的不是答案，是问题。
>
> ——欧任·尤内斯库（Eugene Ionesco），剧作家

既然你最后翻开了本书，我想你应该是在寻找些什么。或许你对自己的职业发展和人生走向不尽满意；或许你有目标但充满困惑、毫无头绪；又或许你过得还不错，但还是想寻求新的可能，想要成功，想要百尺竿头更进一步。

这时候，最好能有一位良师在旁指点迷津——帮你打开视野、制订计划、渡过躲不过的难关、启发你、激励你。唯有如此，你所渴望的成长和改变才会从无形变成有形，从愿望变成现实。

那么，如果你要做自己的良师，自己指导自己克服万难，该从哪里开始呢？

不论你我，如果要着手指导一个新人，都会从同样一

件事做起：交谈。你得对你的指导对象有所了解——他们是谁，他们想要什么，他们不喜欢什么——才能给出一些有用的建议。记住这一点，接下来的这一整章，我都会带着你和自己交谈，这对自我训练至关重要。我们要弄清楚两个问题：

1. 在这个世界上独一无二的你，最适合什么样的训练方式。

2. 你为了什么而训练。

读到这里你可能会想："没必要啊。我很了解我自己，也很清楚自己想要什么，跳过这一步吧！"我明白这种感觉，但是请允许我解释一下，你最好别跳过这一步，也不要匆匆略过这一部分。

我们要带你思考的第一个问题——你最适合什么样的训练方式——是从我们丰富的专业经验中得出的。在指导过那么多人以后，我们意识到一件重要的事：适合别人的，不一定适合你。一套能轻松照搬的流程不会产生任何用处，除非你提前考虑过自己是什么样的人，自己想要什么。这件事听起来容易，做起来难。

这里我们举个简单的例子，戴维在他的播客里采访过汤姆·布拉迪，坦帕湾海盗队（Tampa Bay Buccaneers）的四分卫，七届超级碗[①]冠军得主。在为新英格兰爱国者队（New England Patriots）效力期间，布拉迪发现，他的许多队员，尤其是比较年轻的队员，都会寻求鼓励。如果他们做得很好，大声喝彩会让他们受到鼓舞、加倍努力。但是外接手朱利安·埃德尔曼（Julian Edelman）不一样，他不喜欢喝彩。事实上，每次布拉迪夸奖他，埃德尔曼都表现得浑身不自在。"你如果夸奖他，他会连做什么都不知道。"布拉迪解释道。那时候他了解到，对埃德尔曼来说，挑衅比赞美更能激发他的动力。不同的沟通方式带来了完全不同的变化。这种转变很简单，但要做到却没那么容易：你得知道埃尔德曼来自哪里，并且意识到他和其他人不一样。也正是因为他，布拉迪认识到，要让所有的队员都发挥出最好的水平，就要找到每个人的内驱力所在。毕竟，同样的方法不会适合所有人。布拉迪的见解同样适用于你——只有清楚地了解自己，才能更好地训练自己，获得成功。

我们要帮你解决的第二个问题——为了什么而训练——

[①] 超级碗：是 NFL 职业橄榄球大联盟的年度冠军赛。——编者注

有着必要的现实意义。毕竟，训练不应该是盲目的。没有目标的盲目训练很可能会浪费大量的时间和资源，最后无所得。杰森在成为教练之前，几经周转才明白了这个道理。那个时候，他在圣地亚哥一家船舶租赁公司当运营主管。这是份好工作，工资高，能学到东西，老板也很好，很多人都羡慕他的职位。问题在于，在这家公司干了十二年以后，杰森觉得自己的能力不只是个主管，但他已经没有升职空间了。再往上就是坐他老板的位子，但杰森没有兴趣。他终日在外，待在船上与顾客和员工交涉。相反，他的老板总是待在办公室，坐在桌子后面，与电脑中的文件打交道。杰森完全无法想象那样的生活。

　　几乎每个人在职业生涯中都会遇到和杰森一样的阶段：无法再从工作中有更多的收获，失去了上班的动力，但又进退两难，不知道下一步该做什么。好像该去尝试新鲜事物了，但又极度害怕和焦虑，不知道自己的选择是否正确，能不能找到一份更好的工作。对杰森来说，船舶公司的工作环境不错，工作多年也有了感情，老板还一直多有提点。在老板的指导下，杰森的管理和训练技能都有了进步，这对他后来所做的绩效教练的工作大有裨益。辞职意味着放弃很多东西，但在几个月的挣扎之后，杰森还是下定了决心，离开是他最好的选择。

辞职以后，他和妻子伊丽莎白决定涉足房地产。他们买房、装修，再卖房以获取利润，然后不断重复这个过程。他们做得很成功，赚到的收入足以支撑他们卖掉圣地亚哥的房子，搬到加利福尼亚州的棕榈泉（Palm Spring）。在那儿，杰森可以更好地追求他人生中最大的兴趣爱好之一：高尔夫。

两人住到了 PGA 西部球场（PGA West）。那里是鲍勃 - 霍普精英赛（Bob Hope Classic）的发源地，杰森成了会员之一。突然之间，他不再需要挤出时间，赶着工作开始之前跑到公共球场上打几轮球。现在，他可以走进美国最负盛名的私人俱乐部之一，在九个球场中随意做出选择。多亏了房地产工作的工作性质，他的时间很灵活，想打球的时候就可以打。他甚至还在车库里停了一辆自己的高尔夫车。一个出身并不富裕的人，长大后却成了高级俱乐部的一员，能够享受会员的所有特权，这样的成就足以令人侧目。这也是杰森一直想要的，他终于实现了梦想。

只是这种感觉不是在做梦。从搬家到职业的改变、生活方式的改变，这一切都应该让杰森更快乐，但事实却与之相反。杰森发现比以往任何时候都要痛苦，但他不知道为什么。仔细想想，在人生中、在职场上迈出一大步是相当简单的。改变生活也好，辞掉工作也好，什么都不用做，只要和你的老板聊一下，发一封辞职邮件。但是，如果要迈出"正确"的一大步，就需要时间思考和规划，需要足够的自我认知，能清楚地意识到对自己来说什么才是"正确"的。所以让我们从这里开始——就像跟一位优秀的教练第一次见面一样，和自己交谈，倾听自己的声音。

这一章会引导你回答一系列问题，在自我训练的旅途上迈出第一步。再一次提醒，这些问题要帮助你做到两件事：

1. 在这个世界上独一无二的你，最适合什么样的训练方式。

2. 你为了什么而训练。

 **自我训练贴士**

回答本章的问题时，不需要审视自己的答案。不用去担心这些答案会代表什么、不会代表什么，也不用担心这些答案指向的目标无法实现。在接下来的章节

中，我们有足够的时间把你的答案变为行动。必要的时候你甚至可以修正答案、更改答案。现在我们处于探索模式，在做头脑风暴，在收集信息。我们只需要回答问题，注意这些问题引发的思考，借此了解自己，为未来的自我训练旅程做一些有意义的准备。

～ 关键问题 1：你不快乐的根源是什么？

杰森很快意识到自己的职业转型有问题，因为他很痛苦。这种痛苦不断地刺激他，让他自问为什么。

原因有很多，但其中最重要的一点是，他没有意识到自己离开船舶租赁公司的时候把工作中的一部分快乐也丢掉了。他喜欢和别人一起工作，这会让他觉得，自己给别人的生活带来了改变。在船舶公司的时候，他有很多这样的机会，因为不断地会有年轻人进入公司，离开公司。他们有的是来打暑期工的，有的则想在大学期间搞一份副业。就像他的老板曾经对他那样，他能够给许多人提供指导。但是开发房地产呢？大部分时候这都是一个人的工作。对他来说，一个人埋头单干是一件很没有意义的事情。

倒不是说离开船舶公司是个错误的决定，只不过，杰森在职业道路上的下一步选择并不是很合适。那个时候他还没有开始思考这些问题，但你会发现，想通之后他立刻将目光投向了绩效教练。在这份工作中，杰森需要和各种各样的人打交道，让他们生活中的每一天都有所改变——对他来说，这是最快乐、最有意义的。

绝大多数人都已经习惯了无视自己的感受或是强行忍过去，尤其是沉浸在负面情绪当中的时候，比如痛苦、困顿、枯燥和无力。但我们也可以把这种感受当作一种信息，一种与自身有关的信息。这些感受在提醒我们重新审视自己的生活：哪儿出错了？哪儿没出错？我们还在正确的轨道上吗？是不是已经误入歧途了？我们要做出改变吗？需要做出什么样的改变？

带着这些问题，让我们从一个特殊的感觉入手：快乐——我们的第一个问题是，为什么我们会缺少快乐。第二个问题则是如何给自己带来更多的快乐。为什么要从快乐开始？这个词听上去既不够真切，也不够实在。但是比较下两种做事的动机：不得不做和想要做——或者说喜欢做，因为感到幸福和快乐所以要去做。人们经常会抱怨那些不得不做的事情，要么匆匆完成，要么拖延到最后一刻，要么在有可能的情况下干脆避开它们。而面对想做的事，人们往往心甘情愿付出时间、迫不及待、拼尽全力，因为这个过程本身也是一种享受。如果要为持续的成长和发展制定一条组织原则，你觉得哪种更有可能成功：不受时间场所限制地追求快乐？还是做应该做的，不得不做的事？

当然，没有人能一直沉浸在快乐中。即便是让人感到快乐的目标，也需要你辛勤工作甚至做出牺牲才有可能完成。所以别误会，我们不是要诱惑你仅仅为了当下的快乐就躲开牙医的预约，也不是让你早中晚饭都吃芝士汉堡（毕竟，从这些事物中得到的快乐很容易附带不想承担的后果，从而大打折扣）。你现在要做的，以及在接下来几个章节中要做的，是把快乐变成一个"目的地定位器"。如果你坐进汽车，准备去一个全新的地点展开一场旅行，第一件事肯定是在 GPS 导航里输入目的地，这是每个人都会重复无数次的动作。但是倒退回输入的那一步，你首先得知道目的地叫什么才能进行定位。那么问题就来了，你怎么找到它呢？

当你在自我训练的过程中选择一个目的地的时候，你在选择的是一个方向，是生活和职业在未来发展的方向。一旦做出决定，接下来的工作就变成了规划路径、稳步推进、排除路上的深坑和障碍，甚至有时候因为环境的变化还要匆忙进行调整。所有的这一切都意味着大量的工作，所以在消耗自己的精力之前，让我们先花点时间确定——就现在，尽可能地确定——一个值得我们为之努力的目的地。快乐会成为我们选择目的地的工具，让我们从不快乐的根源入手。

✝ 掌控行动：找出不快乐的根源

先从一个简单、直接的方法开始，列一张表。不用想太多，没有正确和错误之分。你只需要找一个安静的地方待一段时间，开始这个练习，按部就班完成就好。把所有的回答都当作信息，用在接下来的旅途中。

1. 问自己："让我不快乐的根源是什么？"有必要的话甚至可以考虑大声念出这个问题。

2. 面对这个问题思考一会儿。

3. 写下所有的想法。

试试别的方法：每个人处理问题、思考问题的方法都会有所不同。如果你无法回答上面的问题，或者想了很久也没有什么结果，可以尝试以下方法。

- 回想一下最糟糕的记忆——那些最沮丧、最难过、最空虚的时光。是什么使你的生活如此艰难？那些没那么糟糕，但又称不上快乐的日子呢？它们又是由什么导致的？

- 如果上面的步骤确实激发了你的思考，或是将你的思考结果组织在了一起，那就尝试着把生活分成不同的类别——工作、家庭生活、个人关系、精神/社区生活、个人成长，或者任何能够引起你共鸣的主题。然后针对不同的类别进行提问。比如：

  - 在工作中让我不快乐的是什么？
  - 在家里让我不快乐的是什么？
  - 在个人关系中让我不快乐的是什么？

- 在纸上写下这些问题的答案，浏览一遍，问自己，"我的答案能不能更详细一些？"比如你写下了："我的工作让我不快乐。"这个回答的范围太大了，试着做一点更深入的挖掘。工作中的哪个方面带来了那样的情绪？你真正不喜欢的是工作中的哪个部分？你是觉得自己的贡献没有得到赏识吗？你是不喜欢你的老板或同事吗？换个岗位，换个行业呢？是因为工作时间太长，回家的时候孩子都已经睡了，无法陪伴孩子吗？是通勤太折磨人吗？我想你大概能理解我们的意思了。不喜欢一份工作的理由有很多，所以尝试把注意力放在那些细节上。

当你回答这个问题的时候，或许只会有零星几件事进入脑海。又或许你最后写了一长条，条条都让人不愉快。也有可能你最后什么都没写，都可以。尽自己最大的努力，把所有的想法都写下来，然后接着往下走。之后我们会随时回到这个练习，进行填补，或者从头再来。记住，现在只是在做头脑风暴收集信息，所以回答问题时的纠结本身也会是一种信息，这有益于我们进入下一步。

～ 关键问题 2：对你而言，生活和职场上快乐的是什么？

自我训练是为了成长，为了积极地改变；它是把视线集中到某个可以改变生活的目标上，并为此凝练意志、培养能力。接下来的问题会帮助你弄清楚应该将视线落于何处。这其实是第一个问题的简单反转。不要再去思考不快乐的事了，去发掘一下能够带给你更多快乐的是什么。

你对"什么是快乐"大概会有一个自然的理解，起码你的理解足够支撑你回答"不快乐"的问题。利用天生的直觉去思考上一个问题固然很好，但让我们花一点儿时间，更仔细地审视一下快乐的定义，没准能更进一步地回答这些问题。研究快乐的学者们（没错，真的有人在做那么快乐的工作）大体上将快乐定义为一种强烈的正面感受。英格尔·费特尔·李（Ingrid Fetell Lee），《快乐》（*joyful*）一书的作者，深入研究过这一课题。她的观点是："当满足感在沙发上蜷缩，当极乐在宁静的冥想中迷失，快乐就在这个时候跳跃、摇摆、旋转、傻笑。"

"那是一种独特的、强烈的情绪。"费特尔·李继续说道，"是幸福的高能模式。"

这里的"高能"是重点。抱着热爱做事的人常常会说自己精力充沛，缺乏热爱的人则恰恰相反。

戴维很早就明白了这个道理。他就读于密苏里大学的新闻学院时，虽然头两年在联谊会花的时间都赶得上课程作业了，但成绩也还算过得去。他的这种态度在广告学的第一堂课之后发生了彻底的改变。他不再应付着去完成获得学位所需要完成的功课，他爱上了学习，求知若渴，不断地参与更多的广告学课程和营销学课程，成绩从前两年的几乎全 C 变成了几乎全 A。大三的时候，他甚至在广告学课程中荣获了"最佳男学员"的称号。而且，他找到了一条自己迫不及待想要去追求的职业道路。

在大学里就明白了这个道理的戴维是幸运的，因为他的整个职业生涯都受到了启迪。现在回头看，他发现自己所有的重大决定都是以个人的快乐为前提的。那个时候他就意识到，对一个学科的喜爱会激励他尽可能地努力。他也意识到自己喜欢和别人分享有意义的东西。所以他在百胜公司任职的时候会将自己多年来的见解融会贯通，建立项目，教其他人成为更好的领导者。他把这个项目称为"超级领导力"（Take People with You）。作为一名首席执行官，他亲自向 4000 多人传授了相关的内容。他从未觉得疲惫过，就像被一种力量推动着，他把自己所有的心血倾注于内。他感受到的是前所未有的满足。这个项目的成功促使他分享给了更多人。与项目同名的图书出版，一步步变成畅销书带给了他无尽的快乐，让他有了写更多书的冲动。这个项目的成功也是他开办播客的理由之一。在播客上他可以将许许多多杰出领导者的见解分享出去，让那些原本没有机会接触到这些知识的人们从中获益。

快乐就是有这样的能量，并且就像在滚雪球，它会带给你越来越多的内驱力，去完成越来越多的目标。所以，去回答接下来的问题吧。记住快乐的定义：它带给你的不仅仅是满足感，还有精力与活力。

✝ 掌控行动：找出快乐的基石

再一次，找个地方静静地待上一段时间，准备练习。

1. 首先思考一下，什么事情能够让你更加快乐。花点时间想象一下那些事物。

2. 回顾一下不快乐的根源，换一个全新的角度进行思考。比如说，如果你写了和同事之间剑拔弩张的关系使你在工作中很不愉快，换一个部门或者公司能不能让你快乐？改善和同事之间的关系呢？（记住，先不要去担心如何做到这些事，只关注自己想要哪些结果。）

3. 确认在生活中还有没有其他让你快乐的事情。比如说，一个月两次在当地的社区中心做志愿者，陪伴孩子们会让你很开心。如果频率更高，甚至成为全职志愿者，你会更开心吗？

4. 尽可能多地写下你快乐的基石。别去质疑任何进入脑海里的想法，记录即可。

试试别的方法：如果你觉得这个问题太宽泛了，难以回答，尝试一下下面的步骤：

- 如同第一题，如果有需要的话，可以把问题分解成不同类型：工作中给你带来快乐的是什么？在个人关系中呢？……（更多建议分类请参见上一个练习）

- 尝试回忆你最棒的、最值得回味的日子——你感到最有意义、最有动力、最快乐的日子。到底是什么让那些时光如此的耀眼？

谈到工作的时候，有的人会说："嘿，就是份工作嘛。"它不是一份工作，它是召唤，是热情，是消耗生命的东

> 西。你只能用乐观的态度去看待它，用"我能做到"的
> 态度去面对它。"我能做到，我必须做到，我要让所有
> 人和我一起做到。"你必须带着这种态度，必须用这种
> 持久的热爱对待你"做的事"。
> ——英德拉·努伊，前百事公司首席执行官

〜 关键问题 3：在个人生活和职业发展中，对你而言唯一的、最重要的是什么？

前两个关键问题是为了让你，让那个将进入本书训练中的你，能够开始对自己有个更好的了解。而这个问题则会与目的地的选择有关，这是你之后努力训练的方向。用上目前为止的所有解答，仔细审视让你不快乐的根源和快乐的基石。把这些与快乐相关的因素全部考虑在内，将问题 3 变成专注与选择：哪"一个"因素带给你的快乐最强烈——那就是对你而言唯一的、最重要的东西（SBT）。

在职业生涯早期戴维就意识到自己讨厌那种被困于原地的感觉。他总是想要去学习新的事物，开阔眼界，增强能力，迎接新的挑战，如果工作不能带给他这种感觉，他将感

受不到快乐。

戴维曾经在一家广告代理公司担任主管，为公司最大、最重要的客户——菲多利公司（Frito-lay）提供服务。那个时候，他的公司从一个芝加哥的广告代理公司挖来了一位创意总监，这段经历让他感受到了不快。新总监提出过一些标志性的活动，她想要为菲多利公司开发类似的项目。她提出了自己喜欢的想法，但戴维并不认可。戴维已经为菲多利公司工作了一段时间，认为新总监提出的想法是错误的。

所以戴维去见了自己的老板，也就是公司的领导者，表达了担忧。但他得到的答复是必须支持新总监。而且，他必须接受机构的做法，帮助新总监向顾客推广活动。销售自己不相信的东西是很令人泄气的，并且最后的结果也证明戴维的直觉是对的。菲多利公司的主管不敢相信戴维给他们带来的东西会和预期有如此大的差距。

这并不是戴维唯一一次意识到自己想要什么。有时候他也会为公司的顾客提供一些运营规划上的建议。但这些顾客在买单之后，往往不会很好地执行，甚至会放在一边不管。毕竟，这些运营规划只是建议而已，采纳与否完全在于顾客。在这种情况下不得不放弃掌控让戴维感到十分沮丧。他觉得被困在了原地，既不能贯彻自己的愿景，也不能验证自己的想法到底有没有作用。

注意到自己的这种情绪以后，戴维发现了他的 SBT。他最想要的是能在某一天自己掌控运营——一个部门或者一家公司，这样一来他就不会被种种限制所束缚。他想要一个检验自己的机会，想要找到自己的才华所在。这是个宏大的想法，是个遥远的目标，戴维一直放在心里。

这是找到 SBT 很关键的一步：SBT 宏大、有意义、有影响力，甚至超乎想象。设置一个目标和选择一个 SBT 是不一样的。目标可以是瘦下来 3 千克，可以是培养一周 5 次的锻炼习惯。而 SBT 可以是整体健康的改善，让自己更有精力、更专注，活出最好的状态。所以放纵自己大胆地去想象那些宏大的未来吧，看看你会被指引着前往何方。

† 掌控行动：发掘你的 SBT

1. 回到上一个问题，通读一遍列出的答案。在你认为最宏大的、最重要的事情旁边做个标记。

2. 如果只能专注于其中一件事，你会选择哪一件？

试问自己：从今天开始，向着哪个方向努力会给我的生活带来最大的改变？

3. 这就是你的 SBT——是接下来的阅读中要努力前进的方向，是最终要抵达的目的地。写下来，圈起来。

试试别的方法：如果你遇到了困难，下面的提示或许可以让你打开思路。

- 找出前两张列表中的共同点，思考一下它们能不能被整合成一个更大的愿景或更遥远的目的地。比如说，追求新的想法或者实现创新让你热血沸腾，但老板却给不了机会；同时你还提到在工作中最开心的是自己运作一个项目；此外你可能还会记得自己单干的时候，从那种自由感和掌控感中获得了巨大的满足。把上面的内容全部放在一起看，有没有可能，这意味着你真正想要的那个最终目标是拥有自己的公司？或者就像戴维一样，希望某一天能够独立运营一个部门或者组织？

- 戴维的一个熟人刚刚失去了他最亲近的人之一，在他们聊天的过程中，戴维更加关注起了自己的感受。他并不喜欢自己做的工作，也意识到自己并不想再浪费时间，想去追求所爱。我们可以从中得到一些启发，完全没必要等到悲剧来临才开始拷问自己会不会后悔，设想一下：在人生的结尾，当你回顾一生的时候，会后悔自己没去尝试做过什么？

 自我训练贴士

你或许已经注意到之前在讨论"快乐"的时候，同时涉及了个人生活和职业发展两个方面。在我们看来，不论是个人生活、职业发展，或二者兼顾，通过本书进行自我训练的过程都是一样的。所以试着打开思路，发掘那些能让你的生活（哪怕只有一部分）变得完全不一样的东西。

SBT 的例子：个人生活、职业发展，或二者兼顾

- 自己创业，自己当老板。
- 练就最好的身材、掌控自己的身体健康、提高生活幸福感。
- 探索自己成为职业教练、运动员、歌手、演员……的

可能性。

- 回到学校，拿下博士学位。

- 建立一个能给听众带来干货的播客，把自己的想法传播出去。

- 成为所在部门或公司的领导。

- 在不牺牲工作和生活平衡的前提下买下新的房产；换句话说，在努力工作的同时承担好身为家庭成员的责任。

- 完成一部小说或电影剧本。

- 走出一大步，搬到新的小镇或是梦寐已久的新家。

- 在换工作或是准备退休的时候厘清下一步规划。

如何面对乘虚而入的质疑？

我们之前提到过，戴维将运营部门或公司的终极目标藏在心里。但即使如此，他的脑海中也时常会有质疑声响起，时不时折磨他，让他反思那样的目标对他来说是不是真的有可能。他有新闻学学士学位，但他正式受到过的教育也就到此为止了。在后来的工作中，他清晰地认识到自己一边在工作，一边在与无数的工商管理硕士高才生竞争。在很长一段时间里，当和同事们聊天的时候，一旦话题转向各自的毕业院校他都不得不借口去上厕所。他必须承认，自己在学历上并不占优势。

当你选择不去做某件事情的时候，总能给自己找到理由。你的大脑会告诉自己，SBT 太宏大太缥缈了。每当你要考虑给自己的生活带来重大的转变，或是将自己的视线放在那些难以企及的目的地时，那些"但是"，那些"万一"，那些否定自己的想法就会随之而来。认清现实，但先别急着焦虑，也不要彻底无视它们。只要及时解决，这些都不会是问题。但在此之前，你要弄清楚的重中之重，是你到底想要什么。

之所以提到这一点，是因为过早地考虑可能的阻碍会让你在开始之前就先行放弃。想象一下，如果戴维相信没有文凭的自己确实没资格去追求梦想，然后就此放弃，那么会发生什么？他永远不可能进入《财富》500 强公司，成为总裁，升任首席执行官，并且创立自己的事业。所以，尽可能地放纵自己去畅想那些无比宏大的目标吧。鼓起勇气，只专注于快乐所在。

 **自我训练贴士**

> 如果质疑的声音让你不堪其扰，难以坚持——产生了诸如"我真的很想但这不可能"的想法——就在"不快乐"的表中把这种想法也写进去，然后翻页，回到这个部分。写下来这个举动可以在某种程度上削弱质疑带来的负能量，而翻页的动作可以给负责处理相关情绪的大脑一个信号，你并没有无视这种情绪，只是在等待解决的时机和办法。

万一你对其中一个关键问题，甚至所有关键问题的回答都是"我不知道"，那你该做什么

我们曾提到过杰森在工作中也会困惑"是什么让我感到不快乐""是什么给我带来了更多的快乐"。他知道自己在新的生活和工作中是不快乐的，但在相当长的一段时间里，他都不知道原因。他同样无法具体说出能够改变自己人生的SBT是什么，并为此感到困扰。

或许你也这样，不知道该如何回答其中的某个甚至某几个问题，但这并不意味着你的自我训练之旅到此结束。事实上，"不知道"恰恰证明了你需要训练，而且是非常需要。

在一开始的这个阶段，有些人的 SBT 特别清晰，也有一些人很难弄清楚自己在某个特定时段到底需要什么，想要什么。我们的目的地就像人生，必然会迎来改变，在这趟旅途中，你会发现自己在不同的时间段会有不同的迷茫和体悟。

有一个办法可以激发你的思维：代入别人思考这个问题。通常来说，分析别人生活中的价值与否会更加容易。回想一下，生活中你在各方面有没有钦佩的人，他们是不是已经在做你想做的工作，达到你想达到的职位了。如果你觉得新的工作不适合自己，不妨以他们为镜，问问自己："那个人身上有我没有的东西吗？""那种东西能给我带来同样的快乐吗？"

此外，记住我们在引言中说过的话：自我训练不是让你一个人埋头苦干。就本章的话题而言，值得信赖的朋友、家人、伴侣或是导师，都是可以寻求建议的对象。告诉他们你觉得自己困顿，感受不到动力和快乐，向他们描述一下你现在的状况，表达自己想要做出改变的想法。你可以问问他们，在他们眼里什么时候的你是最快乐的，什么时候的你又是最不快乐的。在此先做个提醒：整本书我们都会不断地提到向你身边的人寻求帮助和建议，但是刚开始的时候，最好只和最亲密的人交流。即使如此，也不要把其他任何人说的任何话当作"正确答案"。你的生活和你的决定都是你自己的，别人的回答都只能被当成某种信息，为头脑风暴带来更多的素材。请记得根据自己的需求灵活选择。

如果以上方法都没起到什么效果，你还是不知道自己下一步该怎么做，依然可以参照之前的办法。只不过这次的SBT就变成了"具备足够的自我认知、对自身进行充分的审视，以便得出'我不知道'以外的答案"。这可是一件相当重大的事情，不要小看它作为目的地的意义，对当下的你而言它能够带来翻天覆地的变化。毕竟你能自信满满、心潮澎湃地回答上面那些与你、与你未来有关的问题了；你能厘清人生的规划，在生活中体会到更多的快乐了。这是多么有意义的事，难道不值得付出努力吗？

另外请记住：就算只是简单的实践，就算只是通过尝试去感受、去增长见识，也是十分有价值的。或许你现在在做销售工作，并且清楚地知道这份工作不适合自己，但又不知道适合自己的工作是什么。你很想知道自己会不会更喜欢营销，但又不确定。那就问问老板自己能不能在空余时间和营销部门一起做个项目。去体验一下，然后不断地问自己：
"我快乐吗？"

就像戴维最喜欢说的，心里揣着明白，做事情才能正中
靶心。但也有的时候，你只能在目的地附近四处打转，一点
一点地精确定位。这些都不是大问题，随着圈子越来越小，
你总能锁定自己的 SBT。在这个过程中，让快乐时刻为你
导航。

〜 关键问题 4：完成 SBT 对你来说到底意味着什么？

世界知名投资人沃伦·巴菲特（Warren Buffett）在谈到
对工作的感受时，总是喜欢说自己每天都"跳着踢踏舞去上
班"。戴维很幸运，在他成为百胜公司新的领导者以后亲眼
见到了这样的巴菲特。那时候，他每年都要去拜访巴菲特，
从金融层面学习公司的运营。他们会在肯德基见面，每次巴
菲特都会提一大堆的问题，他老想着去后台看看运营的情况
和在那里工作的员工，然后对他们也提出一大堆问题。巴菲
特对学习的渴望很容感染别人，他总是想要做得更好。戴维

从他们的会面中学到了很多，其中最重要的是，要热爱你的工作，每一天都要。

巴菲特太多次提到自己"跳着踢踏舞去上班"了，以至于他的传记作者，卡萝尔·卢米斯（Carol Loomis）把这句话当作了传记的标题。这很博人眼球，谁不想带着巴菲特那样的心情走进办公室呢？那样的生活该有多美好？

在本章结束之前，我们想让你做一张自画像，描述一下你人生中最想要获得的到底是什么。

🕯 掌控行动：展望你的目的地

1. 回顾一下你的 SBT，就算最后只有上文提到的"确定自己的目的地"这一 SBT 也没关系。（你写下的内容可能是："对我的需求有更多的剖析，让我能回答这些问题""尝试新鲜事物，让我能决定自己的下一个 SBT 是什么。"）

2. 不要去想自己该如何达成这个目标，从想象最终的结果开始。思考一下，达成自己的终极目标，完成 SBT 是什么感觉。

3. 描述一下那种感觉。你的人生会有什么变化？你会有什么变化？对你的家人、朋友或是你所在的社群，又会有什么意义？

4. 花点时间把这些想法尽可能地写下来，然后立刻念给自己听。记住那种感觉，因为当你遇到无法避免的挫折，在完成 SBT 的过程中艰苦奋斗的时候，这将是最大的动力。

5. 为了帮助你在这个过程中保持住那种动力，请把你的想法和感受总结成几个关键词——比如"每天早上我都要带着跳踢踏舞的心情去上班"。用黏性便签写下来，贴在你的 SBT 旁边。然后把整张纸贴在浴室的镜子上，设置成电脑桌面、手机壁纸，放在其他你经常会看到的地方。它们会提醒你，让你专注，让你拥有前进的动力。

试试别的方法：

● 锻炼一下想象力的肌肉，花点时间描绘一下 SBT 对生活的改变。如果你喜欢视觉化思考，可以试着以画代写或者又画又写。也可以做一些拼贴板，类似梦想板（vision board）、情绪板（mood board）的东西已经被用了很多年了。（如果需要寻找灵感，就借助搜索引擎查一下相关的术语，你会看到无数的案例。）如果真的有用，那就放手去做！

● 为了进一步打开思路，尝试一下从五种感官的角度进行想象。当你达成 SBT 时：

看起来如何？

听起来如何？

闻起来如何？

尝起来如何？

感觉起来如何？

这个方法听起来可能有些古怪，但每个人的大脑都有着不同的思考方式，而不同的感官对不同的人而言所能激发的感受也会有所不同。比如说，杰森曾经训练过一个小联盟的投手。这个投手说他能想象扔出的球的声音，如果脑海中响过球在穿过空气时发出的那股特别的"呼"声，那就会是一个好球。一个漂亮的快球是一种声音，一个曲线球又是另一种，滑球又会是其他的声音。如果这次投球很糟糕，那么声音就会完全不一样。

很多教练都认为这名投手利用听觉来投球是十分可笑的，但杰森不这么认为。如果这名投手真的能在出手之前想象投球的声音，并且行之有效，那不如让这项特长继续发挥。

你也可以试试。如果一直在谋求的晋升机会真的出现了，没准你的脑海中就会响起别人称呼你新头衔的声音。或者，你也可能会"看见"新办公室的样子，你在里面做事的场景。你甚至可能会想象得到里面闻起来是什么样的（没准会有崭新真皮休闲椅的味道呢）。把你脑海中的自然反应都记录下来。

到目前为止，你已经对自己，对本书中接受训练的那个自己有了更多的了解，也确定了训练的目的地。接下来我们还会用到那份答案，记得放在手边。我们会回顾，从不同的角度思考，得出更多的结论，做出调整和改变。自我训练是个过程，现在才刚刚起步。下一章将继续我们的训练，通过观察和练习一种思维方式训练自己，完成宏大的目标。

先弄清楚自己的内驱力，然后尽己所能做到最好，如此方能成功。

——朱尼尔·布里基曼（Junior Bridgeman），可口可乐装瓶商生产有限公司产品经理兼首席执行官

第二章

自我训练思维——放开自我，面对成长

你的自我训练思维工具箱

- 把不能变成暂时不能
- 练习超然式呼吸
- 让自己进入中立状态
- 转移你的注意力
- 平衡负面与正面
- 把你重视的东西排个序
- 明确你的目的

> 思路的改变不是随手捡起几个指针，它是看待事物的一种全新的方式。
>
> ——卡罗尔·德韦克（Carol Dweck），斯坦福大学心理学教授

本章我们要把刚刚写出来的答案放到一边，因为暂时用不到。这听起来可能有点违背直觉，甚至令人沮丧，毕竟大部分人都是行动导向的。东西坏了就去修，有了目的地就准备动身。知道自己想要什么却什么也不做，听起来不是什么正确的事。

但这恰恰是我们在本章的开头要做的，而且理由充分。杰森很喜欢在和他的顾客交流时引用一句广为人知的话："你无法用提出问题的思维解决问题。"如果你想解决生活或职场上的某个问题，或者想做出改变，或者想体验全新的事

物，第一步要做的就是换一个角度思考。

我们会帮助你理解一些概念，以此进入一种全新的思维方式："自我训练思维"。这是什么意思呢？自我训练思维要求你打开思路，将所有能够产生推动作用、改善个人表现的元素全部纳入考量。这就意味着你要避免先入为主的看法和对未来发展的主观臆断，通过不断地探索，让下一个发现推动自己前进，靠近自己的目的地。

人们总是会觉得教练就应该无所不知，但其实一个好的教练更应该做一个探求者。不管你在指导别人，还是训练自己，这一点都同样适用。探索、了解你要训练的对象（尤其当这个对象是你的时候），以此得到新的想法、见解和创意，为你的训练对象提供更好的帮助，这些才是真正有意义的东西。

就这个方法而言，戴维从传奇人物约翰·伍登（John Wooden）身上学到了很多。他是洛杉矶加利福尼亚大学（UCLA）前篮球领队，带领自己的队伍在短短十二年间获得了十届全国大学体育协会（NCAA）男子篮球冠军。可能你会觉得，获得了如此耀眼成就的人物，其见识和洞察力足以带领好任何一位球员。但伍登永远相信自己还有可以学习的东西。他有一句话经常被人引用："在你已经懂得一切之后又学到的东西才是最有价值的。"比如，卢·阿尔辛多（Lew Alcindor）[后来大名鼎鼎的卡里姆·阿卜杜勒·贾巴尔（Kareem Abdul-Jabbar）]加入伍登的队伍前，伍登从未训练过个头这么高的球员。当然，篮球运动员确实以身高著称，但高达 2.36 米的阿尔辛多被伍登特别形容为"极其高的球员"。伍登做足了功课，下定决心要尽可能地训练好这样的球员。他和在 NBA 的威尔特·张伯伦（Wilt Chamberlain）（一位同样高达 2.36 米的球员）聊天，和其他教练联系，询问他们训练大高个的经验。他最后的方法一定是对的，因为阿尔辛多在洛杉矶加利福尼亚大学期间创造了突破性的纪录，三个赛季他胜 88 场，仅输 2 场。

成为教练的时候你要尽可能多地打开自己的思路，不断地重复第一章提过的对话。你的思维要活跃，要随时准备好探索，不要想着有了答案就已经完成了 SBT 的一大半，甚至胜利在望了。杰森刚开始决定做一个高尔夫教练的时候，他的专业背景包括房地产、船舶租赁和军事，但没有高尔夫。他没有在大学里进行过训练，也没有做过职业球手，他曾经反反复复担忧过在高尔夫的世界里自己会得不到信任，也得不到工作的机会。如果他接受了那种想法，那这场与自己的对话就会到此结束，也不会有什么探索的余地了。但他打开了思路，为自己找到了一条全新的职业道路。同样地，如果当初戴维因为自己没有工商管理硕士证书而放弃，那他也不会成为一家顶尖公司的领导者。他从未有过工商管理硕士证书，但他也同样成了《财富》500强公司的首席执行官。

当你用一种开阔的思路去看待某种条件下蕴藏的可能性，而不是潜在的限制时，你会得到更多的问题，与自我的对话也就能继续下去。**如果这就是我要达成的目标，那么我需要做的是：**

- 锻炼必要的技能？

- 获得合适的经验？

- 找到相关的机会？

- 让其他人相信我的价值？

- 在我探索可能性的同时养家糊口？

当我们着手达成某个目标，尤其是大目标的时候，有很多事情会阻碍我们，会让我们偏离航线。我们自己的想法可能就会是罪魁祸首。这也就是为什么在训练过程的早期，早早地培养出训练思维对进一步的成功至关重要。正因如此，现在我们就来建立这种思维，锻炼这种思维，然后再将它们运用到你的 SBT 当中去。

在本章中，我们将讨论思维训练的四个关键维度。要成为一个好的教练，你必须把你的能力浓缩为：

1. 信念

2. 中立

3. 意识

4. 自我认知

 自我训练思维：定义

自我训练思维要求你打开思路，将所有能够产生推动作用，改善个人表现的元素全部纳入考量。这就意味着要避免先入为主的看法和对未来发展的主观臆断，通过不断地探索，让下一个发现推动自己前进，靠近自己的目的地。

〜 怀有信念

回想一下人生中的第一次训练，对我们大部分人而言，应该是在体育运动或者类似的活动中，比如棒球联盟、足球、体操、网球、游泳、啦啦队领队、辩论队等。如果你的生活中从来没有出现过教练这一概念，那就想一下你的父母、老师或者是年长的亲戚，那些教你做了你之前根本没做过的事的人。你还记得他们第一次把球拍、球或者是铅笔之类的东西塞到你手里，然后做示范的样子吗？如果你不记得了，那应该也清楚，不管那个人是谁，他之所以给你做示范是因为相信你即使没做过也有能力学会。不然他们费这份心思做什么？

任何你要抵达的目的地，任何你要尝试的新事物，都源自未知。你该如何确定自己有足够的能力？如何弄清楚自己需要做什么？如何了解别人对你目标的看法？事实是，以上问题你都无法解答，起码无法给出一个肯定的解答。而且，在你尝试之前你永远不可能搞清楚。能否尝试全新的事物，关键在于你的信念，在于你对自己的信任。所以在出发之前，你要像人生中第一位小小的社团教练一样（谁都可以），相信自己的可能性。

信念是如此重要，它能够改变你面对挑战、解决挑战的方法。通向 SBT 的道路永远充满了挑战，是成功面对挑战，还是因此脱离生活的正轨，很大程度上取决于信念的力量。正如高产作家、心理学教授韦恩·戴尔（Wayne Dyer）指出的那样，"如果你相信自己能解决，就能看见机会；如果你不相信自己能解决，就会看见阻碍。"在脑海中用不同的方法分析情况会带来截然不同的结果。

当然，信念是一种有些狡猾的说法——有时候还很不可靠。你可能某个瞬间有，下一秒就消失了。但这并不意味着你不能掌控它。每个人都有办法培养内心的信念，那股追求目标的信念。

其中一个办法是，学会重构脑海中破坏我们信念的想法。那些否定我们，让我们觉得自己做不到、不应该做、没有资格做的想法，那些告诉我们不可能成功，让我们过于害怕而不敢做出尝试的想法。重构是一种心理机制，它能帮助我们改变视角，重新认识某种情况、某段经历。虽然现状没有改变，但我们改变了思考方式。

拿失败举个例子。失败——或者，更精确地说，害怕失败——是许多人不敢尝试新事物，不敢面对潜在危险（比如申请晋升、换工作、搬去新的小镇、创建自己的企业、组建家庭等）的最主要原因之一。想到失败的时候会感到焦虑是非常自然的，想要避开让自己不舒服的东西也是非常正常的。但是，你之前肯定也听过一个说法，失败是成功之母。如果说失败能给我们上一堂人生中最重要的课，那它还真的是我们需要不计一切代价避免的东西吗？我们真的有必要为了避免失败，远离风险、置身事外、拒绝新鲜事物吗？

这就是重构，是对同一个话题采取完全不同的，更加具有主动性的思考方式。坎德拉·斯科特（Kendra Scott）是坎德拉·斯科特珠宝（Kendra Scott jewelry）和家居用品连锁零售品牌家好品（Home goods）的创始人兼首席执行官。在她遭逢巨变，决定建立现在这家公司时，她就用了这样的思考方式。19岁的时候，她决定辍学，开一家帽子店，她的灵感来自继父。那时候她的继父正在和脑癌相抗衡。在此期间，斯科特看见了许许多多的人因为化疗而失去了头发。她意识到，这些人在头饰方面并没有太多的选择。她想要改变这一点，非常想。她不仅想为因化疗而失去头发的人设计帽子，她还希望她设计的帽子能够面向所有人。

"我有这么一个宏大的愿望。"在戴维的采访播客上，斯科特这样解释道，"我想要把帽子店开遍全国。像20世纪40年代那样，人人都能再一次戴上帽子。"很可惜，这个梦想并没有实现。斯科特开了第一家店，努力了五年，一周七天从早忙到晚，希望能够获得成功，但最后事与愿违。

当她把自己的店关停的时候，仿佛迎来了人生中最大的失败。她的继父已经去世，她觉得自己让继父，让这个家庭蒙羞。但几年后，她建立了坎德拉·斯科特，并且意识到那间小小的帽子店并不是多大的失败。那段经历让她明白了到底要如何运营连锁商业。她再一次建立了新的企业，但这一次她对利润、经费、工资支出等都有了清晰而深刻的认识。她很乐意分享这段故事。"我觉得，对企业家来说，分享失败是一件十分重要的事，这是他们通往成功的桥梁。我知道的每一个企业家都曾经有过这样的惨败经历，并且，他们都为此而感激。那时确实让人感到恐惧，但现在，它就像是我们曾经拥有过的最美好的礼物。"

失败可以使人们放弃，可以使人们质疑自己，也可以使人们尴尬，不愿承认现实，但这些反应都不会有太大的价值。通过失败训练自己意味着接受了已经发生的现实，寻找方法将自己的精力引向正确的方向，以此不断前进。斯科特并没有掩饰她的失败：她只是换了一种新的思考方式去衡量这场失败——这种视角上的转变让她能够用不同的眼光看待相同的情况。在稍后的内容中，我们会讨论错误和失败；讨论如何规划，如何在一定程度上规避他们；讨论当错误和失败产生的时候，如何从中走出来。但是现在，让我们先把注意力放在对失败的恐惧上面，不要让类似的情绪阻碍我们对自己的信念。失败总会发生，没有东西能够改变这一事实，但是你既可以将它们视作怪物，不计一切代价避开，也可以看成痛苦和良机。这些机遇能让你以一种未曾预料过的全新的方式成长，让你学会全新的事物，但前提是你能放开自我，吸取教训。

重构并不是一种纯凭主观的练习，也不是否定自己的感受。记住，你的感受是信息，是线索，它可以让你知道自己的大脑里到底发生了什么，对自己而言重要的东西是什么。所以一定要承认和接纳它们。重构练习会让你采用一种更加有益的方式思考你面对的一切，我们相信这并不难理解。人生中的一切经历都能带来经验和教训，都会是学习和成长的机会。戴维因为妻子的疾病而对这一点深有感悟。他的妻子温迪在 7 岁的时候便被诊断出患有糖尿病，需要终生接受治疗。结婚后，他们在路易斯维尔（Louisville）的诺顿儿童医院（Norton Children's Hospital）成立了温迪·诺瓦克糖尿病中心（Wendy Novak Diabetes Center）。这就是在逆境中孕育正面成果的例子。

2020 年新冠疫情暴发期间，温迪在一次艰难的脊椎手术之后糖尿病严重发作，这对整个家庭而言都是一段极其痛苦的时光。但在所有的焦虑与担忧之中，戴维依然找到了积极的那一面。那个时候，戴维和他的妻子感觉整个世界都天翻地覆，但也正是在那个时候，他们得以真正将所有的精力都放在彼此身上。戴维在陪伴妻子康复的过程中，担当着伙伴和助手，体会着巨大的快乐。结果就是，他们的婚姻变得无比的坚固、无比的幸福。

杰森的妻子伊丽莎白，在治疗乳腺癌期间也有类似的经历。她知道自己前路坎坷，但也不希望自己因为要反复接受化疗而终日惶恐。所以她将这份恐惧重构为"健康注入"，既然知道这些治疗的最终目的是带来健康，那干脆忽视其他的事情，只关注结果就好了。这样的想法不仅让她的态度积极了许多，也感染了身边的人，整个治疗过程都因此而有了改变，充满了昂扬的活力。医生和护士开始用相同的说辞，而她也感受到，这种积极的态度在治疗过程中产生了正向的反馈。

重构是一个非常重要的概念，在训练过程中我们将反复用到。下面的掌控行动会帮助你在日常生活中进行练习。在这个过程中，重点要记住的是，信念不会不请自来，只有你主动选择，才能拥有它，所以这个部分才会被称为"怀有信念"。

掌控行动：把不能变成暂时不能

杰森最喜欢的重构技巧之一，就是在句子的否定词前面加上"暂时"两个字。他的某个顾客可能会对他说，"我不可能成功。在此之前我从来没有从这个距离挥杆成功过。"听起来似乎很合理——正是因为这种说法很合理，所以绝大多数人甚至不会去考虑是不是能够换一个角度思考。比如，如果你加上暂时两个字呢。"我没有从这个距离挥杆过——暂时没有。"

突然之间，这位高尔夫选手到底能不能挥出这一杆变得没那么肯定了；唯一肯定的事情是，在此之前他确实没尝试过。一个简单的词语改变了整个等式。"在此之前还没有尝试过"并不等同于"不可能"。这样的改变为信念的存在提供了空间。毕竟细想想的话，我们在生活中做过的大部分事情都没有提前练习和预演。很多事情都是第一次——我们第一次走路、第一次开车、第一次搬进自己的新房、第一次找到工作。做之前我们一样不知道结果会如何，但最后一样能成功。那为什么不把现在做不到的事情，当成未来能做到的事呢？

通过一个"暂时"，一段对话的结尾变成了开头。如果你做不到，那故事到此结束，没什么好谈的了。但如果你只是暂时还没尝试过，那就有很多东西可以探讨，很多问题可以问。"如果现在我要尝试做到这件事，需要学习什么，练习什么呢？"

自己试试看：

1. 想象某件不在你舒适区范围里的事情。不一定是SBT（记住，我们已经把第一章的成果放到了一边，现在的练习纯粹为训练思维服务），除非你内心有某个劝退的声音折磨着你，让你无法置之不理。否则，你只要选择任何一件你不可能做到的事情就好，比如跑一场马拉松。或者，如果你是个讨厌坐飞机的人，那就想象一下周游世界。

2. 用不能或者不来构建一个句子。比如"我不能跑一场马拉松", 或者"要我向着澳大利亚一路旅游是不可能的"。然后将这句话念给自己听。

3. 在否定词前面加上"暂时", 再念一遍。"我暂时不能跑一场马拉松", 或者"要我向着澳大利亚一路旅游暂时是不可能的"。

4. 现在问自己:"如果我要让这些事成为可能,我需要学什么、练什么、做什么?"把这些化不可能为可能的事情写下来。或许你需要每天早起一小时,散步1.5千米,并逐步增加到3千米。或许你需要搜索一下人们在害怕飞行时比较通用的放松技巧。记住,你写下来的东西并不是你真的要做的东西。这只是练习,我们只是想让你尝试一下,用不同的眼光去看待某个"不可能性"是什么感觉。想象在条件允许的情况下你可以做出怎样的改变。

5. 随时准备使用重构的技巧!在整个训练过程中,妨碍你的想法——我不能/不可能——会伴随着你想完成的SBT不断地出现。记得利用重构进行全新角度的思考。这种思考会更加真切,也更加实用。毕竟,没有人能够在时光当中停滞不前。我们就像正在加工的产品,最终成品是什么完全是个未知数——直到我们尝试，直到我们实践，才会有结果。

 **重构：定义**

重构是一种心理机制，它帮助我们改变视角，重新认识某种情况、某段经历。虽然现状没有改变，但我们改变了思考方式。

你必须保持乐观。我们总是喜欢说"保持乐观，提前规划"。这并不是说你要过分活泼，而是要保持积极的态度，想办法不断地进步。

——徐迅，多尔达什公司联合创始人兼首席执行官

〜 学会中立

当我们说到信念的时候，我们并不是在指盲目相信或者主观臆想。比如说，我们并不会建议一个身高不可能超过1.5米的小孩穷尽一生努力进入美国职业篮球联赛（NBA）。单单只有信念是没办法完成宏大的目标的，**在现实范围内保**

持信念才是我们的目标，而不是与实际脱轨。这种做法更像是为了进行延迟，延迟你做出判断的时间，让你能够审视自己，以此采取更好的决定。（如果你就是那个 1.5 米高的小孩儿，只要你发现 2017—2018 年 NBA 球员的平均身高是 2 米，你就能明智地判断追求 NBA 到底值不值得。）

从这个角度来看，延迟判断要求人们保持中立。一般而言，很少会有人把中立当作一种我们需要坚持的状态，或者是一种需要练习的技能。事实上，在大部分圈子里，中立都不会经常被提及。我们倾向于注重有力的观点和行动。而保持中立似乎与我们的喜好相悖，但其实并非如此。

要想形成**全面的观点**，采取**有效的措施，**中立是非常重要的一步。它会引导你前往目的地，而不是就行动论行动。回顾一下我们刚才和你分享的训练思维的定义：**自我训练思维要求你打开思路，将所有能够产生推动作用，改善个人表现的元素全部纳入考量。这就意味着要避免先入为主的看法和对未来发展的主观臆断。**打开思路的其中一个办法就是学会用中立的思考方式处理情况，这种态度类似"我不知道接下来会发生什么"或者"我得到的未必是完整的答案"。

戴维成为领导以后就已经明白要用开放的思路面对职业生涯和迎面而来的挑战，但他在第一见到杰森的时候才有意识地接触到了中立状态这一概念。那个时候，戴维对自己的高尔夫比赛成绩很不满意。他觉得自己有天分，可以比大部分同龄人击球击得更远，在练习中也可以做到击球入洞。但在白热化的锦标赛当中，他常常会错失重要的挥杆。

戴维的朋友，吉米·邓尼（Jimmy Dunne）很清楚戴维的问题，所以他建议戴维见一见绩效教练。这位教练最近刚刚帮助一位职业高尔夫球员杰森·戴伊拿到了世界排名第一。当然，这个教练就是杰森。他们第一次见面是在佛罗里达州的一个高尔夫俱乐部，杰森用训练职业运动员的方式开启了他们的会面——他给戴维演示了击球前如何在脑中保持一种中立的状态。

为此，他为戴维介绍了一种方法，叫专注带（FocusBand）。它的本质是一根头带，可以测量我们完成任务时的大脑频率，实时反馈大脑的活跃情况。不管是上前一步挥杆击球，还是登上舞台准备演讲，甚至是决定买哪辆车、要不要辞职的时候，只有当人们处于一种极其冷静的状态时，才能取得最好的表现。在这种状态下，大脑频率极低。但在繁忙高压的生活中，绝大多数人的大脑总是被过度刺激，永远处于高频率的状态。

通过专注带，戴维立刻注意到，当轮到他击球的时候，他的大脑总是处于一种焦虑的状态。此外，他发现如果要让自己慢下来，让大脑进入一个低频状态，就需要超然式呼吸，转移注意力。

中立状态意味着**不要**焦虑和害怕，**不要**对手头的事情过度兴奋、过度思考，**保持**舒适、自然的状态。当你考虑到这一层的时候，你就能想象得到，在高尔夫课程中保持中立状态会有多重要。进入中立状态能让你放空大脑，排除杂念，扫清障碍，向前迈步。

当你能够做到放空大脑，排除以上种种杂念之后，你就可以将注意力完全放在现实上，思考当下正在发生的事情，分析出所有的可能性。然后，用一个清醒的头脑接受现实，做出反应。这其中的重要性不难想象：工作面试之前倍感焦虑的时候；向自己的投资人或者新顾客推销的时候；收到绩效反馈或建议的时候；和在乎的人难以进行对话的时候；在演讲、报告之前感到紧张的时候。任何时候，一种中立的思考模式都至关重要。

没有杰森的专注带技术也能做到这一点。通过下列练习，你也可以进入这种中立的大脑状态。

掌控行动：练习超然式呼吸

1. 在脑海中回想一段让你有负面感受的经历，比如别人对你的冒犯或具有攻击性的话语，或者公开场合中工作失败，诸如此类。

2. 保持回想，直到你能感受当时的情绪。

3. 现在闭上眼睛，将注意力转移到你的呼吸上。注意吸气呼气时的节奏，进、出、进、出。循环五到十次。

4. 睁开眼睛，注意一下负面想法和感受发生的变化。当你专注于自己的呼吸时，那些想法是不是消失了？

这个练习的目的是提醒自己，我们对大脑状态的掌控能力比想象中强得多。只要我们把注意力转向其他不带情绪的东西，比如呼吸，过去的经历带来的负面情绪就会消退。就好像我们把注意力"喂"给了大脑的其他部分，所以负面想法就会被"饿"得失去力量。

建议你现在就进入练习，实际感受一下。熟悉之后你就能随时随地使用了，焦虑、难过的时候；自信心受到打击，开始贬低自我的时候，都可以用这种呼吸法尝试冷静下来，便于自己注重当下，接受现实，做出更加清醒的反应。

掌控行动：让自己进入中立状态

我们推荐有规律地练习中立状态，而不是仅在进入高压环境之前才做准备。道理很简单，在用到一项能力之前应该先掌握它。让自己进入中立状态可以提高日常工作的表现，它能够平息脑海里的一切噪声，让你完全专注于手头的任务。

做到这一点的方法有很多。下面列出了对我们一部分人有效的办法。具体是哪种不重要，能发挥作用，坚持练习才是最重要的！

1. 冥想：杰森经常会练习冥想。很多成功人士都会这么做，比如阿里安娜·赫芬顿（Arianna Huffington）、科比·布莱恩特（Kobe Bryant），以及星巴克的首席执行官凯文·约翰逊（Kevin Johnson）。他从林戈·斯塔尔（Ringo Starr）①身上学到了这一招！

2.记日记：戴维每天早上都会写一篇日记，感谢值得他感恩的东西。你也可以试着这么做，或者用更传统一点的日记方式，单纯地把你脑海里的东西记录下来。《艺术家之路》（*The Artist's Way*）的作者朱莉亚·卡梅伦（Julia Cameron）就曾掀起过一阵她称之为写"晨记"（morning pages）的热潮——每天早上她都会把脑海里的想法即刻写下来，写满三页纸。

3.祈祷，或是固定频率的静思。

4.有意识的呼吸练习：杰森会采用另一种呼吸练习，和上面一种呼吸方式很像，每天多次。每当想法浮现，他就会停下来，做有意识的呼吸。他会只专注于自己呼吸的次数，到 10 次停下。这不到一分钟的练习可以让他进入更加冷静、更加现实、更加中立的状态。他经常会套一根橡皮筋在手腕上提醒自己。每次他注意到自己手上的橡皮筋，就会收到提示，进行有意识的呼吸练习。

① 林戈·斯塔尔：英国音乐家、演奏员、鼓手，大英帝国勋章获得者，2015 年入驻摇滚名人堂。——编者注

 **自我训练贴士**

> 如果你难以回答第一章的问题，尝试利用超然式呼吸法或者有意识的呼吸练习让自己进入中立状态。然后回到问题中去，看看当你的大脑处于一个更加冷静、更加现实的状态时，回答会不会变得简单一些。

〜 利用你的意识

等你冷静下来，进入那种中立的状态以后，你就可以真正倾听自己的声音，做出正确的决策了。你可以开始利用自己的意识。为了达成这一目的，我们将这种利用定义为一种能力，它能够做到两件事：①意识到你的大脑在时时刻刻注意着什么；②将这种注意力转移到你希望的地方。

这件事的困难之处在于，我们的思维惯性在大部分时候主宰着我们的行为。绝大多数人都倾向于接受这种惯性，被它牵着鼻子走，就算他们心里很清楚自己并没有向想要的方向前进。

戴维曾经采访过曲棍球传奇运动员，六届斯坦利杯

（Stanley Cup）^①冠军得主马克·梅西尔（Mark Messier）。他分享了自己刚加入纽约游骑兵队（New York Rangers）时的故事。此前，梅西尔在埃德蒙顿油人队（Edmonton Oilers）已经赢得了相当多的比赛，所以当他发现新俱乐部的差异时大为吃惊。在油人队，胜利就是一切，而在游骑兵队，队内文化却有所不同。他入队那年是 1991 年，而游骑兵队自 1940 年开始就没有赢过史丹利杯的比赛。这样的战绩被视为诅咒。

当然，并没有真正的诅咒，但是梅西尔发现，队内的大部分人就是如此看待失败的——这是他们一直以来的思考方式。"在游骑兵队有一种不去讨论胜利的风气，因为他们觉得这样会给所有人太多的压力。"梅西尔解释道。"这是我听过最离谱的事情……如果你不想讨论胜利，不去保持幻想，不去寻找抵达目的地的道路，你就不可能成功。"

梅西尔在游骑兵队的第三年，队里来了一位新教练，迈克·基南（Mike Keenan）。他和梅西尔的看法一致。基南给队员们播放了过去的冠军胜利游行的录影，让他们想象自己

----

① 斯坦利杯：成立于 1893 年，为国家冰球联盟的最高奖项，在每个赛季季后赛颁给联盟的冠军队伍。——编者注

可以是胜利者，而不是受到诅咒的注定失败者。他认为这是一个开始，要转变队员们"内在对话的方式，这一点对于自我认知至关重要"。

当你的大脑冷静下来，进入中立状态时，你就更有可能意识到当下的思考方式对自己究竟有没有好处。如果没有，你就可以将注意力转移到别的地方去。

在很多情境中，这个技巧都很实用。戴维曾经采访过瑞恩·塞尔亨特（Ryan Serhant）。他是纽约的房地产经纪人，也是《百万美元豪宅》系列电视剧的明星。塞尔亨特在焦虑、过度在意负面情绪的时候，会列一张表。他会想象一个具有挑战性的场景，罗列一切相关的东西，以便更清晰地认识到自己的大脑到底在注意什么。然后，为了让自己更关注积极的那一面，他又会罗列第二张表格，把相同场景下可能会带来的正面影响写下来。他举了个在聚会上和陌生人聊天的例子。他自认为是个天生内向的人，所以那种场景会让他相当焦虑。

"你只是坐下来，拿着一张纸和一支笔，但效果就是令人惊讶。"塞尔亨特解释说，"它能够在我们的脑子里埋下一颗种子，告诉我们自己能做什么。"（下一个掌控行动就会仿照塞尔亨特的做法。）

之所以会想到这样的方法，塞尔亨特解释道："我们很容易注意负面的想法。"他形容的这种情况其实就是科学家们所说的"负面偏误"。薛曼·桑达尔（S. Shyam Sundar）是传播学领域的杰出教授，同时也是宾夕法尼亚州立大学媒体影响研究实验室的联合主任，他认为："负面偏误指的是，相比正面信息，人们会更倾向于回忆负面信息并被此束缚。正面新闻——好人好事——和负面新闻相比，并不能给我们留下更深刻的记忆。"

负面偏误或许是作为人类天生特有的一种倾向，但这并不意味着我们就得任其摆布。既然意识到了它的存在，不如做点什么。要记清楚的是，我们的能力往往超越自己所想。我们要做的不是完全掌控自己的思维，而是转移和引导，用一种更加积极的态度看待问题，采取更加有效的思考方式。这一切的前提是认识自己的思维方式，而不是听从身体的"自动导航"。我们再来做些练习，下面的掌控行动会帮到你。

掌控行动：转移你的注意力

1. 花点时间，想象一个让你焦虑、沮丧或是恐惧的场景。

2. 在这种场景下，把你能想到的所有负面结果全部罗列出来。比如说，在瑞恩·塞尔亨特的场景里，他因为太过于紧张而不敢在聚会上和陌生人沟通，所以他可能会写：**如果我试着和别人说话，他们可能会无视我或者嘲笑我，觉得我太蠢了、太无聊了。他们甚至会对我发火，因为我打断了他们的谈话。**

3. 翻页重起一列，这一次把积极的结果写下来。还是上一个例子，塞尔亨特可能就会写：**如果我试着和他们交流，可能会建立新的商业联系；可能会学到新东西，听到有趣的故事；还可能会交到新朋友，更加享受聚会。**

4. 坐下，注意一下你的感受是不是在事实没有发生改变的情况下因为注意力的转移发生了变化。我们每个人身上都有能做到这一点的能力。

掌控行动：平衡负面与正面

当我们处境艰难的时候，完全可以在转移感受的基础上再做些什么。一旦我们意识到这种可行性，并且刻意为之，我们就可以改变自己的看法。当焦虑的情绪和负面的想法威胁到我们对自己、对目标的信念的时候，试着用下面的方法罗列一张"坏"表格和一张"好"表格：

1. 不要放任负面想法在你的脑海中打转。去感受它们，将它们抓到纸上，把阻碍你成功的缺陷和弱点变成一张"坏"表格。

2. 别急着停下。为了转移注意力，在"坏"表格旁边再写一列"好"表格。把那些可能产生帮助，甚至已经发挥作用的优点和品质写下来。思考时打开思路，你的技能，个人品质（幽默感、坚忍不拔的性格），经验和人际关系都可以。

3. 完成后，尝试下一阶段的练习。回顾你的"坏"表格，通过更加有益的解读方式，重构每个条目。"我没有足够的金融知识来创建一家自己的公司"可以变成

"我暂时还没有足够的金融知识来创建一家自己的公司"。或者，把同样的负面想法转变成潜在的机遇："我没有足够的金融能力，所以我可以找一个合适的合作伙伴，聘用别人弥补这方面的不足，或者增长见识拓宽自己的金融能力。"

和重构法一样，在整个训练过程中，列表法随时可以被用来应对消极的想法，产生正面的平衡。

〜 建立自我认知

在上一节中，我们谈到训练一个不了解的人是不可能的。所以我们才要从自问自答开始，加深自我认知。这是一个持续性的过程——实际上来说永远不可能结束——对成功至关重要。戴维曾经用这种方式总结他的成功之路——自我评估、自我改善、成功、自我评估、自我改善、成功。循环往复，不断至今。

自我认知对个人的成长和发展至关重要，但难度也很高。本杰明·富兰克林（Benjamin Franklin）曾在其《穷理查年鉴》（*Poor Richard's Almanack*）中这样写道："有三样东西极其难以获得：钢铁、钻石和自我认知。"但难归难，科学研究已经证明了其重要性。坚实的自我认知基础是个人成功路上的优秀导航。在总结了如山般的研究资料后，组织心理学家塔莎·尤里奇（Tasha Eurich）在她的《洞察》（*Insight*）一书中写道，自我认知是"我们生存和成功的必要因素——对工作、对人际关系、对生活都是如此。有研究表明，了解自己，了解他人对自己评价的人会更快乐。他们的决策会更加明智，人际关系和职场关系会更加融洽；他们抚养的孩子也会更加成熟；他们在学生时代会更加聪明、更加优秀，有更好的职业选择；他们更富有创造力，更加自信、善于沟通；他们不会那么有攻击性，也不太会说谎、欺瞒或者盗窃；他们工作表现更佳，晋升机会更多；他们作为领导更具影响力，手下员工的工作热情也更高涨；他们带领的公司收益甚至都会变高。"

想必光是上述理由就足以激励大部分人，所以让我们继续介绍更多建立自我认知的办法。记住，在下一章开始之前都不要去管你的SBT。让我们先花点时间思考一下对你来说什么是最重要的，你的内驱力是什么。对一部分人而言，这些都是非常宏大的问题。之前我们建议过，如果你难以回答上一章的问题，可以尝试让大脑冷静下来，进入一种中立的状态，然后再继续。现在，同样地，尝试一下呼吸法，或者冥想、记日记，用你已经习惯的方式——进入中立的思维模式，从实际出发思考这些和你自己有关的问题。记住：你不需要如水晶般清晰透彻的回答，不需要从练习中学到什么。随着训练的推进，自我认知的深入，你随时可以回头重新定义这些答案。现在只需要利用好已有的知识，尽己所能。

 自我训练贴士

> 别把自我认知和自我批判混为一谈。我们已经讨论过了负面偏误，当你尝试深入认识自我的时候，一定要记住这一点。不要审判自己或者批判自己，我们只是要更好地了解你是什么样的人，你想要什么，什么东西能够激励你成为一个独特的人。

掌控行动：把你重视的东西排个序

你考虑过促使你进行决策、做出行动的因素是什么

吗？不管你有没有意识到，这些原则和信仰都在主导着你。弄清楚它们能够帮助你更好地理解自己行动的原理，明白这些行动**对你而言**是否正确。

1. 为了确定对你来说最重要的价值是什么，通读下面的列表。在**重要**的东西旁边打个钩。在**非常重要**的东西旁边打两个钩。如果有一些价值对你而言很重要但下表并未列出，请随意添加。

可靠	学习
晋升	爱情
真实	忠诚
同情	耐心
合作	和平
创造力	权力
共情	专业
信仰	认知
家庭	尊重
谅解	责任
自由	安全
乐趣	服务

成长	成功
有益	信赖
诚实	真实
独立	财富
正直	智慧
善良	

2. 注意一下打了两个钩的那些价值，也就是对你而言非常重要的那部分。选出五六个更重要的，写下来。这些就是你的生活目标。

> 我在我的学生身上看见了他们对找到生活目标的渴求，对实现目标的渴求，我相信这对全人类而言都是一样的。
> ——玛格丽特·杜菲（Margaret Duffy），密苏里大学新闻学院战略传播学教授

掌控行动：明确你的目的

你的 SBT 是你现在最想完成的人生目标，但目的不一样。目的是你想对这个世界产生的影响。就算完成

了现在的 SBT，完成了未来的 SBT，那种影响可能也会继续存在。西蒙·斯涅克（Simon Sinek）是畅销书《从"为什么"开始》（Start with Why）的作者。他相信每个人、每家公司的行为背后都需要预设一个目的。他写道："很少有人或公司能够清晰地解释他们的各种行为，解释他们'为什么'那么做。这里的'为什么'指的是目的、动机或是信仰——为什么你的公司要存在？为什么你每天要起床？为什么别人要在乎你？"

SBT 和目的听上去可能差不多，也可能不一样。（在下一章中，我们会将二者进行对比，确保它们不会相互矛盾。）下面将利用以下步骤协助自己陈述出目的。如果你已经有了答案，通过下面几步确保你的答案依然能引起内心的共鸣。

1. 你的目的给你带来的感受应该是正面的，所以你可以回头看一下第一章中与快乐相关的列表，寻找一些灵感。带给你快乐，激励你的是什么？

2. 你的目的应该能够推动你行动。你觉得你需要做什么？有没有哪件事让你感受到共鸣？

3. 你的目的应该和你的长处有关。问问自己哪方面有过人之处。脑海里的第一反应是什么？

4. 你的目的应该是以他人为导向的。问问自己，别人最欣赏你哪一点？你能帮到他们什么？你能为他们的生活带来什么？

5. 这些问题的结果或许不会和你赖以为生的工作有什么关系，所以回答的时候请将思路打开，让这些问题的答案告诉你对你来说最有意义的是什么。奥普拉·温弗里（Oprah Winfrey）年轻的时候想"做个老师，通过启发学生，让他们做出超越自己所想的成就而闻名"。所以她的志向就是成为一名老师。她从来没想过电视天线也可以成为她的"教室"，但是当她最终开始她著名的脱口秀节目时，她依然在追求她的目的。

6. 审度一下你到目前为止思考出来的内容，尝试写一个简短但有意义的目的，将你的思考反馈到纸上。

7. 读一遍，根据自己的感觉做一些修改。放一会儿，再读一遍，有必要的话再做一次修改。

8. 用铅笔在黏性便签上写下你的目的。随着我们的成长和学习，目的可能会进一步发生变化，这个句子也可能会被不断修改。没有问题，就像我们的人生一样，

> 这是一项永不停止、不断推进的工作。就让它放那儿，不要因为它没有刻在石头上就低估了它的价值。

　　明确的价值和目的在你前进的道路上会十分重要，因为它们会变成你旅途中的护轨，指导你的决策和自主训练。找个显眼的位置，将它们和 SBT 贴在一起，让自己时刻都会注意到它们。

杰森注重的价值

原谅、善良、真实、和平、勇气、自由、爱情。

杰森的目的

帮助他人成为最好的自己，因为助人就是助己。

戴维注重的价值

信仰、家庭、对所有人的信念、认知、学习、回报。

戴维的目的

通过培养更优秀的领导者让世界变得更美好。

与目的有关的例子

- 成为一个想法特别的领导者，为自身所在的领域做出杰出贡献。

- 通过创业启发更多人进行不一样的思考。
- 建立一个稳定、有爱的家庭环境，让后代茁壮成长，充分发挥潜力。
- 领导一家公司，让人们喜爱上班，能够通过自己所做的贡献获得认可。
- 通过每天的努力把社区变成一个更宜居的地方——为了家人，为了自己，也为了所有的邻居。
- 成为能够给他人提供训练建议的人。

第三章

自我训练计划——自我剖析，实现转变

自我训练计划工具箱

- 🖋 让你的旅途有的放矢
- 🖋 学会谦逊
- 🖋 咨询你的训练助手
- 🖋 开启你的学习曲线
- 🖋 找到扫清障碍的方式
- 🖋 听从 SBT 的指引

有时候，某个瞬间的顿悟比一生的经历都更有价值。

——老奥利弗·温德尔·霍姆斯（Oliver Wendell Holmes，SR.），美国医生，诗人

是时候回到我们在第一章节中设置的目的地——SBT了。弄清楚自己的方向和目的地不代表就能够到达。先做什么，后做什么？有哪些困难？这些问题都需要你去体悟、去解决，这样才能离开原地踏足未来。

就拿杰森来举例。对他来说离开船舶租赁公司是正确的选择，但房地产行业的新工作却带来了痛苦。这时候他必须弄清楚：让自己痛苦的是什么？新工作有什么问题？自己应该做些什么？他需要对自己及自己的需求做一番剖析。

戴维知道，追求自己的想法，亲眼看见这些想法为自己、为自己的公司带来成果会给他带来更多的快乐。所以他

很清楚，要追求更多的快乐就必须做个管理者。之后，这种见解转变成了经营公司的欲望。但在这个过程中，有个反复出现的问题让他难以进入下一步：对公共演讲的恐惧。几年来大大小小的会议当中，他在无数人面前做过很多次演讲，但这是不得已而为之，他从来没有享受过这个过程。一个无法给予员工指导和启发的领导要如何带领一个组织呢？戴维必须弄明白：如何克服舞台焦虑？如何提高自己的能力？他同样需要一定的分析和审视，想办法获取缺少的技能和想法。

如果是你，你会怎么做？你会怎么分析，怎么找到方法扫清障碍、抵达目的地？我们现在要着手解决的就是这些问题。

〜 确保你的目的地有的放矢

在最开始：我们希望你用第二章的开放性训练思维去重新审视一下你的 SBT。看看它和你重视的那些价值和目的是否有冲突。如果没有冲突，那么下一步其实已经有了思路。

杰森搬了新家，换了份新工作却变得更加不开心，这时候他就必须弄清楚出了什么问题。他发现自己从来没有花时间思考过价值和目的，大部分时候都把目光局限在了达成满足需求这一点上。这当然很重要，但能够赖以为生的工作有很多，现在这份并不能给杰森带来快乐。

等他终于找到机会坐下来，厘清自己的价值和目的时，事情就变得明朗起来。他满脑子都是帮助别人的想法，这样他才能有活着的真实感，感受到自己的价值，而房地产并不契合这一点。他需要一个新的目的地，一个目的更加明确、观念更加契合的目的地。遵循着这一理念，他找到了下一份工作。如果不是因为这番顿悟，他可能永远不会成为一名绩效教练。

关键在于确保——就你目前的能力而言尽可能确保——你的目的地值得付出时间与努力。有时候我们去做某件事，只是因为自己觉得应该做，或是因为别人觉得我们需要做，这时候要想抵达目的地会难得多。而当我们的目标符合我们的目的和价值，并且在前往目的地的道路上能够获得快乐的时候，事情就会简单很多。所以花点时间，自我审视一下，把计划和我们的目的、价值放在一起考虑。以下练习可能会有所帮助。

掌控行动：让你的旅途有的放矢

1. 在纸上画出两栏。左边一栏顶格写下 SBT。

2. 在右边一栏写下目的，并在下方列出你重视的价值。

3. 大声念出你的 SBT，和旁边的目的与价值进行一下对比：它们相互支持吗？匹配吗？冲突吗？比如说，你的 SBT 可能是"成为地区经理"，这个位置需要长久的工作和数不胜数的出差。但如果你在右边写下了自由和家庭，那么你就得扪心自问，它们是不是和目的地产生了冲突。长久的工作如何才能让你自由？多次的出差会不会影响你的家庭？（这些问题可能会有良好的解决方案，但你必须要确保自己知道怎么做。）

4. 如果你的 SBT 契合了你的目的和价值，完美！继续下去。

5. 如果不契合，就问问自己为什么，根据需要做出调整。

试试别的方法：

● 为了弄清楚 SBT 与目的、价值不契合的原因，为了明确需要做出的调整，可以尝试重新整理一下快乐列表和不快乐列表，寻找些头绪。你可以问问自己，哪边更快乐？哪些可以成就 SBT？哪些想法遵循自己的人生目的与价值？当你的内心得出答案的时候，哪一边需要重新审视，做出改变也就明了了。

～ 坦然面对

在本章中，我们将深入探讨一些发掘自我、了解自我的办法，让你离目的地更近一步。但是首先，很重要的一点是确保自己做好了坦然面对的准备。我们总是封闭自我，拒绝对自我的审视，因此拒绝了成长和成就的机会。此举并非有意，但结果往往如此。我们这样做或许是因为过于忙碌，俗事缠身，有所忽略；或许是害怕改变、害怕失败；或许是审视之后的结果令人沮丧，无所适从。但不论原因如何，为了达成 SBT，我们都需要努力地保持坦然的态度，面对自我审视，面对我们想要的生活和职业。

戴维在他的播客节目"看领导者们跟戴维·诺瓦克一

起领导"中采访过许多人，他们在各行各业都有着杰出的成就。戴维发现，这些成功人士有着许多共性，这些共性支撑着他们完成了各自的 SBT，其中两个最主要也是最突出的特点是：①谦逊，但又不过分谦虚；②热爱学习。

稍后我们会在本章中讨论第二个特点，现在我们先来说说"谦逊"。所谓"谦逊"，指的是克服自负心理，接受自己的不完美，意识到自己会犯错（和这个星球上的其他人一样），并且明白犯错并不可耻。在社交媒体时代，人们喜欢在推特上分享自己的想法，在"照片墙"（Instagram）上分享自己的早餐，谦逊不再是时常被提及的话题。但或许它应该是，研究表明谦逊的人不论在生理上还是心理上的幸福程度都更高，也更容易应对压力。对我们的训练而言，谦逊有着特别的意义。它能够帮助人们坦然面对各种各样的审视，借此成长、学习、进步。

因为，学会谦逊意味着承认自己做不到全知，这是找到答案的第一步；这意味着承认自己会犯错，这是纠正错误，避免错误的第一步；这意味着承认哪怕不以严苛的标准要求自己，也总是要有成长、学习、进步的空间。要学会谦逊，我们首先要对自己诚实，然后要对信任的人诚实，对那些可能拖我们后腿的事物诚实。我们要告诉自己，一个人总有力穷的时候，总会需要别人的帮助。你可能已经发现谦逊对于训练思维的重要性了，带着这种态度审视自己，深刻的剖析和见解便会不请自来。

杰森在高尔夫球场上认识到了这一点。有一次，他和一个不认识的球员打了一轮球。从小时候杰森意识到自己患有阅读困难症以后，他就一直在努力掩饰。他花了很长的时间才和这个事实完成和解，才能够和陌生人自然地谈论这件事。他确实应该分享，因为对手在听完他的故事以后，回复了令杰森至今难忘的话："我女儿也有阅读困难症，但你知道吗，对她来说阅读困难症仅仅意味着她的大脑和别人的运作方式不同。这没有好坏对错之分，只是方式不同罢了。世界上许许多多的成功人士都有着构造独特的大脑，这让他们看见常人所不能看见，做到常人所不能做到。"

杰森从未用这种方式思考过阅读困难症，那一刻他感到豁然开朗。此前的整个人生，他都觉得这是一种诅咒，一种需要隐藏的缺陷，或者最起码是需要想办法弥补的问题。但突然之间，阅读困难症变成了一种超能力——让他变得独特，可以用一种截然不同的、优于常人的方式看待这个世界。

仅仅是和一个陌生人聊了聊天，杰森学会了坦然面对自己的阅读困难症。他用一种深刻的见解和方式重构了自己的疾病，从此改变了对自己的看法。如果不是因为他谦逊、勇敢、诚实地面对现实，这种改变可能永远也不会发生。

在之后的几页里，你将会努力抵达目的地，这一路上也会遇到许多困难，但谦逊永远可以做你的伙伴和向导。顺带一提，正如我们讨论过的诸多品质（信念、中立等），谦逊同样可以进行培养和练习。你并不需要等着机遇垂青自己。

其中一个方法是，意识到你在人生中获得的所有成功（我们相信有很多），没有一次完全归功于你自己。必然有人（或许很多人）给了你帮助、资源、知识、建议、精力、善意、启迪、支持等。当你努力抵达新的目的地时也是一样。

戴维成为百胜公司首席执行官后，在约翰·伍登身上学到了很多。我们在第二章中着重强调过伍登的训练思维。他知道如何培养最拔尖的学员。在他的课程中，谦逊是年轻运动员学习的核心之一。

伍登教练期望所有的球员在得分以后，都要对别人提供的帮助给予认可。形式可以很随意——用手指一下对方也好，击个掌也好，但重点是，球员要意识到自己的成功不是一个人的功劳，队友也出了一份力。

你也可以用类似的方式起到同样的作用。它产生了一种视角上的转变。在上面的案例中，得分的球员将注意力从自己身上转移到了其他队员和他身边的事物上。当你希望获得成功，进行自我审视的时候，这种视角的转变会非常有用。

当然，用这种方式练习谦逊对你身边的人也会有正面的影响——他们都是能够帮助你成功的人。一旦有球员问伍登，"教练，要是我指出来的人不看我怎么办？"

"哦，他会看的。"伍登保证道。毕竟，谁不希望自己的行动得到认可呢？

掌控行动：学会谦逊

让我们学习一下伍登教练的方法，为自己设置一个期望，谦虚地承认他人的帮助，承认我们至今为止的成就并非一人之功。用下面的步骤学会谦逊，用不同的视角思考问题，从中获益。

1. 回忆一下最近你在职场上，在生活的某个方面获得的成功。花点时间列出所有给予帮助的人，承认这份成功并不是一个人的功劳。

2. 对每个人所给予的或直接或间接的帮助进行简短的描述。

3. 通过做些切实的事情来感谢这些人的帮助，进一步练习谦逊。你可以留言感谢，也可以在下次碰面的时候提上一句。公开承认他人的帮助不仅能够培养你谦逊的品质，也会鼓励你身边的人提供更多的帮助。

4. 现在，回忆一下你曾经经历过的挫折或是挑战，再次重复上述步骤。谁为你提供了帮助？谁支持你渡过了难关？谁倾听了你的怨言？谁成了你坚实的后盾，激励着你不断前进？把他们的名字列在新的一张表上，问问自己有没有**感谢**过他们。如果没有，现在正是时候。如果有，就再感谢一次。

5. 最后，在生活中随时随地努力练习。

我的意思是，谦逊就好……我们是自信与不安的混合体，感到不安，尝试解决是很自然的事情。所以，从这个角度出发，成为一个优秀领导者所需要做的大部分功课都是内在的：我要如何解决自己身上的问题？解决得越好，就越有影响力。

——伊桑·布朗（Ethan Brown），人造肉第一股别样肉客（Beyond Meat）创始人兼首席执行官

〜 学会寻求帮助

正如我们在引言中所指出的那样，自我训练不等于一个人单干，也不等于一个人得到所有答案。自我训练强调的只是要对自己负责，根据需求剖析自己，推动自己前进。

要想抵达预设的目的地，正确地剖析自己，就要寻求他人的帮助。与你的目的地相似并且已经成功的人是最好的人选，让你仰慕、敬佩的人也是不错的选择。比如说，如果你要开家新公司，就找找你敬佩的企业家的案例。如果你的健康状况有问题，可以和有相同问题的朋友聊聊感受。如果你面临障碍但又无法肯定来源，感到困顿和迷茫，可以向他人寻求建议。如果你不知道下一步该做什么，从外部收集建议会是个很好的开始。

前不久，戴维的一个朋友问他能不能给自己的儿子一

些建议。他的儿子刚刚进入职场，在一家投行工作，十分纠结。戴维同意了，他在电话上和对方的儿子聊了聊，问了问工作情况和对同事的感受。当戴维听着对方回答的时候，他想到了另一个很重要的问题，所以他问道："你真的喜欢金融行业吗？"

对方想了想，"是这样的，我的家人不是医生就是金融行业的从业者，"他慢慢回答道，"我不想做医生，并且我在金融方面还算擅长。"

这样的回答当然不能等同于**喜欢**，从这里面听不出快乐。随着他们谈话的推进，他们发现，这个年轻人在讨论职业的时候，从来没有问过自己：我喜欢什么？带给我快乐的是什么？激励我的是什么？让我目标明确的是什么？

通过这次深入的谈话，戴维帮助对方意识到了自己更喜欢管理而非金融。戴维能够甄别这一点，是因为他在管理公司方面有着广泛而深入的经验，见过许多公司的训练方式。而向戴维咨询的人在其人生的早期阶段只有两个选择：金融学或者医学。所以当谈话内容涉及其他可能性的时候就引起了共鸣。

戴维和一位职场困顿的女士有过类似的谈话。她在公司的金融部门工作，老板是投资者关系领域（Investor Relations）的领导。当被问起来未来的职业规划时，她的回答很明确："我想要做我老板的工作。我也想成为投资者关系领域的领导之一。"

"很好，那你的老板要辞职或是退休了吗？"

"不会很早。"她回答道。

"很好，既然你没有这方面的机会，他们给你提供其他机会吗？他们有没有做什么挽留你？"

"公司里没有那么多女性，所以他们希望我留下。总裁建议既然我做不了投资者关系领域的领导，可以做他的最高主管。"

"成为他的最高主管指的是什么？"

"我不是很清楚。"

戴维了然，公司给她的选择并不怎么样，就好像只是为了哄她开心给了她一个新的头衔，而不是打算给予多大的支持。所以他决定换个方法继续谈话。

"你从其他公司或者猎头那里接到过邀请吗？"

"确实有。"

"他们和你聊过哪些岗位？"

"投资者关系领域的领导岗。"

类似的邀请说明人们觉得她可以胜任自己想要的岗位。所以，戴维没有让她自问是否应该离开现在的公司，而是建议她用一个有些不一样的方式构建这个问题。

"回去找公司的总裁，请他说清楚他们提供给你的最高主管职位到底是什么。然后给和你联系过工作的公司回个电话，找到更多的信息。如此你才能比较这些选项，选出最佳答案。"

这位女士照做了。她判断出自己的公司并没有为了挽留她做什么，所以她换到了想要的岗位上，在另一家公司做了投资者关系领域的工作。虽然离开工作了那么久的地方让她害怕，但她最想要的还是新的岗位带来的挑战。

这一切的剖析和见解当然都是她自己去完成的，戴维只是问了她一些问题，给了一些可以帮助她看清自身的角度。但需要记住的重点是，不同的看法未必都会起到作用。当你寻求帮助和建议的时候，他人的回答可能只是在他们的能力范围内对你起到帮助。没有关系，你就把他们当作你的训练助手。你可以咨询，可以带着谦逊的态度听取建议，可以利用你开放的训练思维。但是，当你最终要做出决定的时候，你才是那个总教练，只有你才可以拍板。

 **自我训练贴士**

> 如果你在向他人寻求帮助的过程中感到不适，尝试一下之前的重构法。不要想着改变我们所处的环境，要改变我们思考问题的方式。同样地，不要把注意力放在你的不适感受上，问自己：**我喜欢帮助他人吗？** 大部分人的答案一定是喜欢。一般来说，利他行为能让我们感受到自身的价值和作用。既然如此，问自己第二个问题：**如果我喜欢帮助他人，那为什么其他人不喜欢帮助我？** 如果你有礼貌，懂得感恩，那么大部分人在条件允许的情况下都会很乐于帮助你。如果确实有人拒绝了你，记住还有许许多多其他乐于助人的人，像你一样的人。

掌控行动：咨询你的训练助手

看一下你的 SBT。你**不清楚**的第一个点是什么？这个点可能很大，比如"从何开始"。它可能与目的地本身有关，可能和过程有关，还有可能和你自身有关——你的优点和缺点，以及它们在这个过程中带来的帮助或困扰。

现在，开始收集别人对你的看法，把你的"不清楚"变成推动自己前进的见解：

1. **该问谁**。首先列出 3 到 5 个你可以畅谈自己的目标人选。你可以从朋友、家庭成员、老板、同事，或者是和你有相似目标并且已经成功的人开始。选择你觉得能够鼓励你或坦诚对你的人。或许你还需要有一两个备选项。大部分人都乐于给出意见和观点，但有时候也会有人不愿意。不要觉得这是你个人的问题，总会有其他人能够帮到你。

2. **怎么问**。记得别人的时间也是时间。先问清楚对方愿不愿意提出意见，如果对方愿意，记得做好准备，简洁地描述你的目标以及你征求对方意见的理由，比方说，"我知道你有过类似的经验"或者"我曾经注意到你总是能够在这个领域给他人提出良好的建议"。

3. **问什么**。戴维总喜欢问别人："如果你是我你会怎么做？"如果你想就自己的 SBT 进行细节层面的剖析，可以这么说："我在努力开始但不知道该怎么做，我想知道你能不能给我一些建议？"

4.**做记录**。别忘了做个笔记，记录一下别人的观点，这样你才能时时反思。也别忘了把这些剖析和你的目的、价值做个对比。记住，这些观点都是你旅程中的护轨，时常翻阅一下。

 自我训练贴士

如果你在第一章中无法厘清自己的 SBT，可以考虑向你的训练助手寻求一些帮助。问问他们你有什么优势，什么样的长期目标和短期目标会有助于你的个人发展和职场上的进步。对比一下答案，看看能不能引起共鸣。别忘了，完成 SBT 的想法本身应当能给你带来快乐。

～ 如何对待你不愿意接受的剖析?

向别人寻求剖析和看法并不代表你需要全盘接受和采纳他们的意见。除了你以外没有人可以决定一个意见的好坏和听取与否。

如果你发现自己抱有疑问,甚至对对方的看法感到沮丧,记得运用训练思维花点时间多加考虑。你需要对自己的反应持保留态度,而不是简单地将相关的看法拒之门外。是这个想法不适合你所以你才感到不舒服吗?还是有什么东西阻碍着你,让你无法接受合理的建议?

当戴维成为百事公司的营销主管时,他的 SBT 是成为百事分公司的总裁之一。哪一家分公司不重要,但他想在某天体验一下掌握运营的感觉。当他把这个想法告诉韦恩·卡莱维(Wayne Callaway),后来的百事董事长时,卡莱维的回应并没有让戴维满意。

"戴维,"卡莱维对他说,"你在营销方面确实干得不错。"

"但是韦恩,我真的很想成为分公司的总裁。"

"戴维,"卡莱维又说道,"你在营销方面确实、确实干得不错。"

这样的回应令人沮丧，戴维本希望卡莱维能够全心全意支持他对未来的愿景。但当戴维接受了自己的沮丧，开始质疑这种情感的来源以后，他有了不一样的想法。很显然，戴维自认为涉猎广泛，除了营销以外还有诸多能力，但卡莱维并不会这么看他。所以，戴维要做的不是责备卡莱维，而是思考该如何从周围的人身上获得必要的支持，如何让周围的人相信他有成为分公司总裁的潜力。

如果戴维那个时候就学习了我们的重构练习，他可能会这么做："韦恩觉得我是一个有天分的营销者，但他并不觉得我是当总裁的料"可以被重构为"韦恩觉得我是一个有天分的营销者，但他还没有看到我当总裁也是块料"。然后，他的问题就变成了：我该做什么才能让他看见我有这方面的能力？

在那次接触后不久，百事公司首席运营官的职位有了空缺。戴维没有任何运营相关的经验，但他去见了老板克雷格·韦瑟（Craig Weatherup），恳求这份工作。他表示自己可以胜任新的角色，能在没有运营经验的情况下很快进入状态。他告诉韦瑟，如果他做不到，让他退回营销部——甚至解聘他也好，随意处置。这就是戴维对这份工作的渴望。

　　戴维得到了这份工作以后拼命努力，从一个新的角度了解了自己的公司，并且产生了积极的影响。这份经历促使他成了分公司的总裁，甚至首席执行官，而不再只是个营销人才。令他尊敬的人的建议让他走上了对这条路的剖析，但他没有光从表面上听取建议。当他没有听到自己想听到的意见时，也并不是简单地抗拒。

　　当他人的剖析和见解不合你心意，甚至让你心生抗拒时，比较好的做法是暂时停下来，采取适合自己的办法进入中立状态，最大化利用你接收到的建议、反馈或是剖析。坦诚一些，不要情绪化。这样一来，你的感受，包括恐惧或是焦虑都不会再阻碍你分析潜在的利益和缺陷。

　　更重要的是，要通过价值和目的衡量所有无法定夺的剖析和见解。事实上，就算是让你感觉良好的见解也应该经过这个步骤。好的建议和对你来说好的建议是有区别的。比方说，戴维指导的那个年轻人如果在金融行业有所追求，他的家庭成员就可以提供很好的建议，因为那些路他们都走过。但是，如果金融行业并非这个年轻人的内心所向，那么那些建议对他而言就都不是好的建议。

〜 对学习抱有热爱

就算你不能直接获得建议，也可以从他人身上找到剖析与见解。这就要回到之前，戴维在他的播客采访中总结出的成功人士身上最常见的两大品质之一：渴望学习。这些成功人士总是会通过大量的资源探索新的想法和新的见解。事实上，这也是戴维开办播客最主要的原因之一——在谈话中学习这些杰出的领导者，并且帮助听众一起学习。

戴维曾经采访过家得宝公司（Home Depot）的前首席执行官弗兰克·布莱克（Frank Blake）。在布莱克自己看来，他是最没可能当选首席执行官职位的人。他以前是个律师，为公司处理企业并购和收购的业务。就在那个时候，董事会让他担任首席执行官的职务。布莱克非常震惊，他从未把这个职位当成自己的目标，也从未考虑过。"我从未想过自己会当首席执行官。"布莱克承认道。

事实上，他太震惊了，甚至没有当场答应下来。他说他需要一天的时间考虑一下这件事，董事会也应该再考虑考虑。"比起我，你们可能需要一个更加有零售经验的人。"他当时这么对董事会说。

　　一天后，董事会依然坚持任命布莱克。而他也对这项挑战充满了兴趣，所以他同意了。于是就这样，一个律师背景的人踏入了零售业，35万名员工等待着他的领导。他说自己的第一年仿佛在参加"领导力速成班"，完全不像个首席执行官。

　　"我读了很多东西，看了很多关于领导力的案例。我真的在学习如何做一名领导者。此前我真的没怎么在意过这方面的知识……领导力是可以学习的，我觉得我就是个最好的例子。"他甚至向自己的儿子寻求建议。他的儿子是伊拉克战争的退伍士兵，在家得宝公司担任店铺经理，正好有着布莱克所没有的领导经验。当布莱克第一次需要面对成百上千的员工时，他向自己的儿子寻求见解，希望知道自己应该说些什么。

　　"我可以跟你说说我是怎么开店铺的每周例会的。"布莱克的儿子回答道。"我是在伯纳德·马库斯（Bernie Marcus）和亚瑟·布朗克（Arthur Blank）的《从头开始》（*Built from Scratch*）一书中学到的。"这本由家得宝公司创始人所著的书分享了一个传奇的企业家故事，探讨了许多支撑、维系着这家公司的价值观。布莱克觉得这个想法不错，所以在公司

上一任首席执行官的第一次演讲中，他从书中挑选了一段与
"倒金字塔"概念有关的内容——在这种组织结构中，一线
员工处于金字塔顶端，应该被赋予更多的所有权。而领导者
处于底端，为员工提供帮助和支持。这个结构完美展现了布
莱克对领导公司的想象。

　　杰森刚决定成为高尔夫教练的时候，并不是很肯定要
怎么做。他做出改变的方法和布莱克一样——尽可能学习所
有与目标相关的内容。他去国内顶尖的量身定制学校（club-
fitting school）上课。他获得了健身教练、俱乐部训练大师和
健康教练的相关证书。他和领域内的知名教练合作，学习果
岭判读（green reading）①的技巧。正是通过学习这项运动的
方方面面，戴维最终找到了适合自己的那部分。如果你想锻
炼外在的技巧，比如打球入洞（putting），求助对象有很多，
但是在比赛中关注精神层面的人却很少。很少有人思考如何
发挥出最好的实力，也很少有人思考发挥不出真实水平的时

---

① 果岭判读是高尔夫球中的一项技术，指计算出因坡度、果岭
表面速度、球滚速度和草纹所造成的实际滚球路径，偏离原
本球至洞间直线的程度。——译者注

候有哪些原因。正是在这个学习过程中，杰森成了一名绩效教练。

戴维也是一样，在整个职业生涯中，他都热爱着学习。刚开始的时候，他就会和他向往的居于高位的领导者进行比较，对比自己的技能和能力，了解自己该往哪个方向努力。同样地，成为《财富》500强企业的首席执行官以后，他还是会带着团队的成员去世界上最成功的公司进行名为"最好的练习"的访问，学习他们的经验。你也可以这么做，从下面的练习开始。

掌控行动：开启你的学习曲线

1. 确定五件事，帮助自己剖析自我、得出见解、推动成长、抵达预设的目的地。这可以是读一本书，也可以是听播客和 TED 演讲，还可以是参与网络研讨会和课程，甚至可以是某个已经到达你的目的地的人——这里只是简单地举几个例子。

比如说，如果你想开一家餐厅，那就要研究餐厅经营者的成功案例，看他们提到自己的生意时会说什么。

如果你想晋升但又欠缺技能，就要报名参加网课。如果你没办法选择一个 SBT，就要阅读与设定目标、寻找与人生目的有关的书籍。

2. 针对不同的学习资料写一些心得体会，根据自身情况进行应用。

3. 当你努力完成上述练习以后，再来五个！学无止境。

你要理解清楚自己是个什么样的人，同时要保持谦逊，倾听他人的话语，意识到总有你需要学习的东西。停止学习就是停止成长，你也就不再具备领导能力。

——邦尼·希尔（Bonnie Hill），模范蓝（Icon Blue）联合创始人

〜你的思维未必能够帮助你成功

要想抵达目的地，你需要自我剖析，你不仅要明白如何前进，也要明白如何解决路上的障碍。可能你确实在往某个

方向努力，但感受不到快乐，那或许，不论从个人角度还是从职业角度来看，这都不是你想要的。如果你发现自己没有办法按部就班地抵达目的地，甚至连确定一个值得追求的目标都做不到，那一定是有原因的。什么东西在阻碍着你？

每个人在他们的旅途中都会碰到障碍。世界上的成功故事中从来不会缺少错误的决定、白费的工夫，甚至是彻底的失败。所以，你应该尽你所能，准备好面对它们。

每个人会碰到的障碍都是不一样的，但不论是什么，第一个接收到信号的一定是你的感觉：**每打出去一个销售电话，我都觉得自己经历了一次失败。每天早上上班前我都感到焦虑。**在杰森的案例里，情况是：**我在职业上做出了如此巨大的改变，它应该让我的生活变得更好，但换了工作以后我一点开心的感觉都没有。**

或者，你的脑海里可能会响起这样的声音：**我知道自己渴望某一天完成 SBT，但是我一想到这件事，那些反对的声音就会响彻我的脑海。**对戴维来说，这种声音就是：**你连进行一次成功的演讲都做不到，怎么可能运营得了一家公司？你连个工商管理硕士学位都没有，要怎么升到那么高的职位？**

当这些无法和解的，可能会让你无法前进的想法和感受进入脑海的时候，一般人的做法可能是无视它们。你可能会推开他们，继续前进。你可能会开始质疑自己，对自己能力的信心也因此动摇。你甚至可能会彻底自闭，不再尝试。不论你会怎么想，有意识地处理这些想法和感受并不是大部分人的第一反应。

如果你有类似的反应，没必要过度苛责自己。虽然它们确实并不能带来什么，但这也是大部分人通常的做法。不过，现在你该做好准备了。你应该清楚完成你的 SBT 并非易事，你也知道障碍随时会来临。那不如接受这些障碍，把它们当作馈赠。如此一来，问题就变成：现在，面对这些艰难的时刻要从何处入手避免自己脱离航线？在我们带着你准备之前，先来考虑一下如果你不去解决这些问题，会发生什么。

当杰森刚刚开始和高尔夫冠军球员戴伊合作的时候，戴伊碰到了一些问题。根据杰森的经验，这是许多运动员的通病：缺乏自信。其原因之一是，戴维之所以能够升到现在的级别，是因为他有着长距离击球这个撒手锏。相比他的对手，戴维在开球时的长距离挥杆中有着更高的精准度。这门技术让他脱颖而出，一直以来皆是如此，直到现在。

我们是人类，不是完美精确的标准化机器。可能我们某一天近乎做到了完美，但我们不可能天天都做到，也不能保证下一次能做到。所以有时候，戴维上前击球，球却没有飞到他想要的地方，这也并不是什么特别令人惊讶的事情，他也会打臭球。

但对戴伊来说，这却是一种冲击，毕竟在这个领域他就是靠着这手本事吃饭的。当然，就丢球这件事本身而言，也不应该算什么大问题。所有的职业运动员，即便他们最终能赢下联赛，过程中也难免会有失误。戴伊之所以会感到困扰，是因为丢球导致他丧失了信心。

当他上前击球的时候，他无法专注于自己想要怎样的落球位置，而是开始担忧可能的意外。如果球像上次一样偏离了轨迹怎么办？如果自己挥杆没能触球怎么办？如果再也无法依赖自己的长距离挥杆怎么办？如果最后证明，自己没有想象中那么优秀怎么办？

这些担忧变成了某种自证的预言。戴伊越是担忧做不到，就越是容易失手。对于身处类似情况的运动员，杰森常常会告诉他们，他们感受到的压力只在大脑中，其实并不存在，那些压力都是自己施加给自己的。这也并不罕见，大多数阻碍我们成功的东西，其实都源于我们自己。

通过第二章中我们所教授的相同的练习，戴伊在杰森的帮助下逐步认清了自己脑海中的想法，认清了这些想法如何带着他进入歧途。从这一步开始，杰森努力让戴伊有意识地从担忧、焦虑进入**中立的状态**，转移注意力，让更加有意义的思考占据脑海。在戴维的案例中，他通过在击球前想象自己希望的落球点来完成这个目标，效果很好。通过不懈的努力，戴伊重拾了信心，而且比以往表现得更好。之后，他晋升为了世界顶级的球员。

即便是站在各自领域前沿的人也必须努力进步，他们也总是会面对挫折。但当挫折真的发生的时候，要记住，我们的直觉并不总是能为我们指出正确的方向。在戴维的职业生涯中，他甚至有某一刻因为压力而想要完全退出这项运动。但他克服了那种感觉并且赢得了联赛。想象一下，如果他放弃了会发生什么。有时候为了达成目的，我们需要主动干扰我们的直觉，正因如此，分析自己会有什么样的第一反应就显得尤为重要。

〰 学会倾听自己的声音

当脑海里的某些想法阻碍你前进的时候，它的表现可能会很明显，但也可能会相当的微妙。它可能是脑海中的低语，告诉你不可能做得到；可能是一种模糊的焦虑感；可能是一种强烈的冲动，想要转身离开，不去想发生了什么，也不去做任何讨论；可能是一种困惑，一种无所适从；还有可能是充满痛苦的打击。

当你捕捉到上面任何一种反应时，你要做的第一件事情是停下来，接受它们。你什么也不要做，去听脑海里的声音，去感受。这绝非易事，但很重要。你要借此建立起我们之前提到过的自我认知，发现大脑会以一种什么样的方式在什么时候阻碍我们。

你可以借助思维工具箱。如果你发现自己在否定、推开那些令人不适的想法，进行一下"利用意识"的练习，停下来，观察一下此时此刻你在注意什么。是借此机会剖析自己吗？如果没有，请有意识地朝着这个方向努力，而不是直接避开。这么做之前，还可以进行一下"中立状态"的练习，让自己变得更加冷静，用更加坦然的思维去面对。

此外，"重构法"也会起到一定的作用。你可以改变自己对这些避无可避的挑战的看法。告诉自己，这些不舒服的感受都是我们可以利用的信息。我们或许不会喜欢它们，但它们自有其价值，可以作为重要的线索，告诉我们需要努力什么、解决什么。

当我们对自己的想法和行为有了意识，并刻意做出反应时，我们就可以改变看待挫折的方式——就像戴伊在比赛中丧失信心时那样。我们可以像他一样克服，而不是把绊倒我们的路障和迎面而来的挑战当成自己做不到的借口。像这样随着时间的沉淀，我们就能够建立起对自己的信念，以及对自己能力的信念。

塔吉特百货的首席执行官布莱恩·康奈尔就是一个很好的例子：在康奈尔长大的过程中，成为首席执行官是他脑海里最遥远的东西。他出身贫寒，小时候就失去了父亲，母亲的身体也不好。他的环境本该是一种限制，但布莱恩告诉自己，"我要表现自己、超越他人、利用好机遇，通过某种方式解决所有的问题。"

他无法改变自己的出身，但他可以改变自己对环境的看法。康奈尔选择寻找机遇，并且尽其所能抓住它们，而不是执着于受到的限制。"如果你回头看，看我小的时候，你或许会说这个人没可能成长到我今天这个地步。"但他就是做到了。

掌控行动：找到扫清障碍的方式

看不见问题自然解决不了问题。那该如何知道大脑是不是在阻碍着成功呢？通过回顾过去，进行剖析，你或许能找到一些线索。如果事情没有照着计划走，或者事情的发展让你感到不适，你通常会怎么做？一些比较普遍的反应有：

- 忽略。
- 变得焦虑或是忧心忡忡。
- 变得愤怒或是沮丧。
- 停下或是回避。
- 责备别人、责备环境。

1. 回忆一下你曾经经历过的挫折。它可能是你非常想要但没能得到的工作或是晋升机会；可能是和家庭成员的对话没能如期进行；可能是令人无从下手的困难处境、突发问题。

2. 写下你对类似情况的一切记忆——不仅仅是事发的细节，也要包括当时的感受。

3. 通读一遍，然后问问自己：当我碰到这个障碍的时候，我做了什么反应，没做什么反应？（回顾一下前面的列表，寻找一下灵感）把答案也写下来。

4. 现在问自己：那时候的反应对自己而言很普遍吗？

5. 如果你想起了其他的情境，也写下来，对比一下自己的反应。它们有共通之处吗？还是说在不同的环境下会有不同的反应？不要对这些反应进行任何的评判。你只需要注意自己的直觉会先去哪里。记住，你对此越是清楚，越容易将自己的注意力转移到渴望的目标上。

6. 用这些信息建立自我意识。当你在旅途中遇见了路障，反思一下自己有没有产生类似的反应，思考一下这样的反应会让自己逐渐偏离正轨，还是有助于解决问题。然后通过第二章的掌控行动换一种更有益的思考方式。

掌控行动：听从 SBT 的指引

既然你已经对自己解决障碍的常用方式有了一定的见解，接下来让我们尝试预估一下旅途上可能会碰到的一些障碍。写下 SBT，在做这个练习的时候记得看看它们。

1. 把 SBT 念给自己，然后停下来，仔细地听。

2. 想象一下自己向着目标前进，你想到了什么？有什么样的阻碍？这些阻碍可能是内在的，比如恐惧、焦虑，以及在耳边回响起的劝退的声音。也可能是外在的，比如资源和你缺少的技能。

3. 不要尝试去解决任何问题。仅仅是去听、去想，然后写下来。

试试别的方法：

● 如果缺少灵感，你可以把自己的想法做个分类，并根据不同的分类，对应着想象一下前往目的地路上潜在的挫折和障碍。

■ 信念的缺少，比如"冒充者综合征"[①]，这种病

① 冒充者综合征：又称自我能力否定倾向。——编者注

症会持续困扰患者，让患者感到自己充满缺陷，即便他已经获得了成功。

■ 情绪障碍，比如恐惧、焦虑。

■ 缺少技能和经验。

■ 在达成目标的过程中存在无法预设的盲点和盲区。

● 如果你在练习中感到不适，觉得自己在近距离看待自己视为弱点的地方，不如试着重构这种想法。那些不是"弱点"，把它们当成"成长起来的机遇"。成长永远不会是舒适的，但是成长的替代品——停滞不前——也不会有多舒服。记住这一点，努力找出每一项缺点背后的机遇。换句话说，把"想开餐馆但我没有经验"改成"我能学到新的有价值的东西，然后离我的 SBT 更近一步"。

〰 进入解决问题的模式

本章探讨的是收集见解，为 SBT 的需要做准备。在下一章中，我们会讨论如何将这些见解转化为行动。但结束之前，我们想先说一说如何让你大脑适应这种做法。

当我们着手尝试新事物的时候，大脑可能会因为遇到一大堆的问号和可能的问题而当机。但在真正尝试之前，没有人知道应该如何完成自己的目标。太多的未知项会让我们变得困惑、失去信心，甚至就此放弃。

杰森曾经训练过一家科技公司的主管，这位主管就处于上述那种状态。当时她刚升职不久，但新岗位要求她就公司即将推出的软件程序进行一次主题演讲。她为此感到非常紧张，因为即使在演讲前软件并没有完成，她也要进行展示。她知道软件可以及时交付给客户，但她在展示的时候不得不即兴发挥。一想到软件可能在她展示的时候出现死机的情况，她就会感到扑面而来的焦虑。人们会怎么想？她该做点什么？她完全没办法克服这方面的负面感受。

杰森对她所做的工作完全不了解，但他理解焦虑，所以当这位主管希望他用绩效的训练技巧提供帮助的时候，杰森同意了。

他们在主管的会议室坐了下来，杰森说的第一句话是："让我们把你担心的事情列一张表。"

她想到的第一件事是："软件可能会死机。"他们写了下来，然后继续，总共列出了大概二十种令她感到紧张的意外情况，其中最后一条是："当我走上舞台的时候，我被东西绊倒摔了一跤，然后所有人都看我笑话。"

完成这张表后，杰森把它放在了一边，他带着主管进行了一些呼吸训练和五分钟的冥想。之后，这位主管似乎进入一种冷静、中立的状态。

他们重新审视了那张表格。他对主管说，"好，现在想象一下你有一盏魔法神灯。你擦拭他，灯神就会出来，告诉你第一个问题的解决方案。你觉得那个解决方案会是什么？"

主管一点没有犹豫地说道："我不如直接做个幻灯片，把软件内容截图下来，点击播放我想让听众看到的画面，这样的话他们就根本不会知道这个软件还不能运作。"

杰森觉得这个解决方案很棒，和她一起写了下来。他们像这样挨个把整张表过了一遍，直到最后一个问题——害怕自己会被绊倒。主管觉得自己可以穿平底鞋，顺便准备好一个笑话以防万一，虽然那个时候她的紧张情绪已经平息了下来，并且意识到其实不太可能会绊倒。就这样过了大概一小时，她为所有的问题准备好了解决方案，而原本她只看得见问题。这是思维上的转变，从发现问题转向寻找解决方案。

这种转变会产生改变——因为很明显，她本来就很清楚问题的答案。而且，找到解决方案的过程帮助她缓解了在新的岗位上进行第一次上台演讲所带来的恐惧和焦虑。

在你进入下一章，学习为了抵达目的地可以采取的有效行动时，记住这种解决问题的思维方式，努力模仿。

第四章

自我训练旅途——在深刻的见解之上采取行动

自我训练计划工具箱

- 把见解转变为行动
- 开启你的路线
- 留下进步的足迹
- 欣赏自己
- 逆转立场

> 生活就像骑自行车，只有不断前进，才能保持平衡。
>
> ——沃尔特·艾萨克森（Walter Isaacson）所著的
>
> 《爱因斯坦：生活和宇宙》一书

当你有了见解，你该做些什么？

上一章会把谦逊训练囊括进去并非无心之举。如果你想前进一步，有所收获，就需要承认一件不太光彩的事，那就是没有人知道该如何成为我们想成为的人，达成我们想达成的目标。毕竟，每一个新的目标都是一条新的道路。在我们走过之前，通往成就的道路永远要打个问号。那要如何应对那个问号呢？我们首先要承认，没有人可以解答前方的所有疑难，也没有这个必要。这不是我们停滞不前甚至想后退的理由。我们要做的是采取行动努力前进，按部就班，哪怕我们做不到全知。

但这并不意味着为了行动而行动，这是有很大区别的。我们希望在**有所见解的基础**之上采取行动。也就是说，在收集信息、有所启发之后才采取行动。

在努力完成 SBT 的过程中，你要学会在这两者之间掌握平衡：信息与灵感。这种平衡意味着你既要脚踏实地，也要仰望星空。既要足够踏实，认清自己所处的现实，也要足够灵动，想象自己未来的可能性。除非在一定程度上做到这一点，否则你永远不可能获得新的成就。

失去平衡，甚至在某一方面落得过于偏激，就会出现这样的危险：

- 如果过于关注当下的现实，你就会停滞不前，无法在新的未曾想象过的方向获得成长。

- 相反，如果自视过高而不落于实际，那就只会迎来失败。

杰森曾经训练过一位想要成为职业高尔夫球手的人。这个人在击球方面确实有一手，那个时候他是世界上顶尖的青年高尔夫球手之一。

有一次，杰森带着这位球手去参加训练会议。当他们开车去球场的时候，球手在无人的地方突然哭了起来。杰森自然问起了缘由。

"我妈老怪我。"他说。

"怪你什么?"杰森问道,心里猜想可能是为了家庭杂物或者没完成的作业。

"怪我 136 米球场的球洞距离,"球手回应道,"其实距离洞口只有 7 米多,但她说如果我只能打到 7 米就永远不可能打到足够数量的'小鸟球'。[①]"

杰森一下子明白了,这位球手需要一些鼓励和灵感,于是他递出手机,说:"帮我个忙。去 PGA 巡回赛的官网查一下 PGA 选手的平均球洞距离。"

球手照做了,他发现 136 米球洞对应的距离是 8 米。他的平均水平是 7 米多。他在比赛成绩上已经胜过了很多选手。

事实就是,小家伙的预期值(或者,更精确地说,他妈妈的预期值)高得不正常了,所以才会对原本喜欢的比赛那么排斥。那一页数据就改变了他的看法,让他既对自己实际

---

① 小鸟球是一种高尔夫术语,指击球杆数低于标准杆数 1 杆,比喻高尔夫球像小鸟一样在空中飞翔。——译者注

取得的成就有了更清晰的概念，也对未来自己可以达到的高度有了更多的启发。这种平衡的想法让他能够通过训练朝着正确的方向前进。

在本章中，我们要利用你之前剖析得到的见解采取行动，推动自己前进。与此同时，记住保持平衡，让自己始终走在正轨上。

〜 把见解转变为行动

那位青年高尔夫球手通过剖析，对自己的比赛成绩和达成 SBT（成为职业球手）的方法产生了有价值的见解。但那样的见解还能够产生别的作用：展示前方的道路。

当他把自己的球洞距离拿来和别人比较的时候，数据相当不错，那其他数据呢？他的平均推杆数和专业球员比起来怎么样？长距离击球的平均水平呢？他的目标是 PGA 联赛，所以其中一个行之有效的办法是尽可能找到所有地区的球手数据，进行对比。这会让他明白自己该往哪个方向努力才能改善比赛中的表现。你也可以用相同的思考方式达成自己的 SBT。

戴维有了自己运营公司的想法之后，也是这么做的。他知道对公共演讲的抗拒可能是会阻碍自己的东西之一。他也观察过身处自己心仪职位的领导者，因此有了一些见解：那些领导者都能够站在人前演讲鼓舞。他很清楚自己如果升了职就会有巨大的竞争优势，但许多年过去他觉得自己依然在原地挣扎，有时候甚至很尴尬。

在职业生涯初期的第一次大型演讲上，他太过于紧张，几乎每一句话都会说"你知道的"，他至今都还记得回到家里把头埋进枕头的样子。之后，他面对自己在广告代理公司工作的第一个年终大会，面对菲多利这一公司最大的客户。这场会议非常重要。但不幸的是，舞台恐惧让他在讲话的时候又木讷又不适，以至于事后他甚至回忆不太起来会议的细节。在必胜客公司负责营销部门的时候，他必须向所有的顶头上司汇报自己的年度运营方案。为了确保万无一失，他带着满满一盒子的提示便签走上了讲台，结果刚一开始就碰翻了好几杯水，哗啦啦的声音通过麦克风传到了所有人的耳朵里。"我很紧张，还弄湿了裤子，"他对等待的人说道。

这种深陷泥潭，困于原地的感觉陪伴了戴维多年，即使他的职位越来越高、越来越权威。不论他多么想做到，但那种感觉就是不肯离开。所以最终，他给自己设立了一个目标，要成为一名杰出的演讲者。为了做到这一点，他决定请一个演讲教练。

戴维那个时候还在百事公司工作，所以他用了我们上一章提到过的一个方法：他问了身边值得尊敬的人，希望得到一些见解。他去见了人事部门的主管，主管又把他送到了一位叫吉姆·麦克林登（Jim Maclindon）的沟通专家那儿去，这位专家与百事公司的许多主管都合作过。戴维第一次见他的时候描述了公开场合的讲话对自己有多痛苦，自己有多担心犯错，以及过往的经历给自己带来的焦虑：总是害怕会再犯错误。但他也告诉麦克林登自己想要克服这一切，他觉得自己有那个潜力。每次演讲，只要过了开头的 5 到 10 分钟的紧张期，戴维的感觉就会相当好。但不论他付出多少努力，开头几分钟的表现都没有向他希望的方向发展。

麦克林登帮助他将见解转化为了行动，分解成了可以采取的步骤，以此改善表现。首先，他向戴维演示如何修改自己的讲稿，让句子变得更短更有力，也更容易记忆。接着，他举了几个顶尖演讲者的例子，让戴维注意他们的姿势、语调的调整和对舞台的运用。他还教授了戴维不同的演讲策略，比如利用较长的停顿来产生不同的效果。最后，他带着戴维练习了计划要在达拉斯会议中心（Dallas Convention Center）发表的演讲。届时会有 6000 人与会，戴维光是想想就觉得头疼。麦克林登给戴维录了像，让他自己观察自己，比较他和成功的演讲者之间的所有不同之处。戴维立马有了发现。

通过这样一步步分解，戴维不仅将提高自己的练习进行了细分，还得以将注意力从自己的紧张情绪转移到了有形的事物上。这个过程使他更容易关注自己的听众，关注如何产生联系，而不是关注自己，关注自己的表现。这种注意力的转变带来了全新的变化。

计划中，戴维会是那晚会议中的最后一位演讲者，观众席上的百事公司员工已经经历了痛苦的一天。公司那时候正在走下坡路，他前面的讲者也大多在讨论公司在一个又一个领域未能达到的预期，当真只能硬着头皮上。

戴维一直都明白在信息和启发之间掌握平衡的重要性。听众已经接受了够多来自现实的良药，所以他得来点儿不一样的东西。在一大堆坏消息之后，戴维走上台，用麦克林登教过他的几个长停顿之一作为开场白。他站在那里，看着观众，沉默了几秒。观众带着期待的心情安静了下来，这时他张口了："我希望你们每一个人都能清楚一件事：这是一家优秀的公司，我希望在场的每一个人都能记住这一点。"

他就像在拧开一瓶百事可乐的瓶盖之前狠狠摇了一下，全场沸腾了。

同时，某样东西开始抓住观众的心。戴维说了几句，一部分观众发出了"嗯哼"的呼声。他又说了几句，更多的"嗯哼"声响起。这要回溯到百事公司旗下轻怡百事（Diet Pepsi）的系列流行广告，雷·查尔斯（Ray Charles）唱着"你找对了宝贝，嗯哼。"很快，全场6000名观众都参与到了这种互动当中。整场会议的情绪都被改变了，它也一举成了戴维职业生涯中最出彩的几场会议之一。

更重要的是，那一刻戴维真正渡过了难关。他终于解锁了演讲这项技能，做到了在台上放松自己、做自己。现在他爱上了演讲，迫不及待想要站在人前。自此，演讲变成了为他所用的一项天赋、一种技能。同样，这也证明了小小的一步也可以产生真正的、持久的、巨大的改变。

掌控行动：把见解转变为行动

为了开辟一条前进的道路，我们先来点头脑风暴。

1. 把上一章中收获的所有见解进行一个汇总。来源可以是自己的小研究，也可以是和他人的交谈。内容可以是应该做的事，也可以是潜在的障碍。

2. 接下来，把这些见解转变为行动，**尽你所能**靠近自己的 SBT。比如说，你要建立自己的播客，那么你的咨询对象可能会推荐你去听几个有名的播客获取灵感，或者给产出者发送消息取得联系。所以你可以写下"听播客"和"联系产出者"，作为之后的行动步骤。你也可以把自己的想法写下来，比如"研究推广播客、连接听众的策略"。

3. 列张表，把你能想到的行动都写下来，这些可能是你向前迈出的一步。我们把这些称为你的**目标**。先别担心怎么做，也别考虑什么时候开始，写下来就行，就像在写一列长长的待办事项。

4. 浏览一下自己的目标，判断一下能不能分解成更小目标或者不同的步骤。比如说，戴维想运营分公司，他可能会写下"成为一名更好的公共演讲者",这是他最终成功的阶段目标。但这个目标相当大。他的演讲教练帮助他进一步分解成了许多个步骤,比如:

（1）研究钦慕的演讲者,观看他们的表演。

（2）分析对这些表演的反应。

（3）记录自己的演讲。

（4）对上述两种演讲进行对比。

5. 保存好你的列表。我们会在下一个掌控行动中继续用到它。

 自我训练贴士

头脑风暴时要尽可能多想一些可行的举措,但要避免一种陷阱:不要觉得自己的列表必须足够完美和完善。前往新目的地的旅途永远不可能有一张完美无缺的路线图,一边走一边就会有发现。

认清你现在所处的现实

现在你已经知道自己要去哪儿了——也就是你的 SBT。

你也整理出了一些为了抵达目的地需要采取的步骤，该规划自己的旅途了。但在此之前，让我们确保你可以清楚地知道自己是从哪儿出发的——你现在所处的现实。

戴维曾经训练过一个叫拉尔夫（Ralph）的年轻人。他的 SBT 是成为一名企业家。但是，戴维刚开始训练他的时候，他只是某个金融巨头的新人。他应聘这份工作时的欲望非常强烈，因为这份工作可以使他分析许多不同的公司，从最基础的部分学习商业。但是工作的实际内容却并不如他所希望的那样振奋人心。他一周工作 80 小时，但大部分时候做的都是自己不那么喜欢的工作。结果，他很沮丧，并想离开公司干点别的。

在他这么做之前，戴维帮他对自己所处的环境进行了清晰、客观的认识。他准备好成为一名企业家了吗？恐怕没有。他还没学到足够的知识来创业或者运营一家公司。等他弄明白了，他有足够的资金支持吗？也不尽然。这些现实的想法帮助拉尔夫做出了判断，也让他离 SBT 更近了一步，尽管他依然没有做好向前迈出一大步的准备。

我们在书的开头问过，让你快乐的是什么。我们相信当你决定要采取某些行动或决定生活中的方向时，留意一下自己是否感到快乐是相当重要的。但这是不是说你做的每一件事情都应该让自己开心呢？当然不是。

拉尔夫在他目前的职位上并没有觉得很快乐。但如果他离开了，并且在没有做好准备的情况下成为一名企业家，然后面对破产苦苦挣扎就会快乐吗？不会的。戴维提醒他的是，他渴望这份工作的首要原因是获得学习的机会。他学到了吗？他说他学到了很多。

戴维帮助拉尔夫接受了自己所处的现实。虽然当下他并没有完全在做自己想做的事情，但他在学习，在为未来做铺垫。戴维告诉他，"只要你想，你就可以成为一名企业家，但是现在，为什么不花点精力确保自己能够成为一名优秀的企业家呢？"

现实是，拉尔夫在达成 SBT 之前需要更多的经验。这跟戴维为了证明自己不只有营销能力，从而拿到运营工作时的处境很像——这是他从未想象过的一个职位。在你的道路上，可能会有几步路要比别人轻松。但是成大事必然要付出辛劳，甚至做出取舍，正如戴维告诉拉尔夫的那样，"有时候，为了吃到热腾腾的培根和烤肉，你必须咽下手头冷冰冰的鸡蛋。"

掌控行动：开启你的路线

用训练马拉松的思路去接近你的 SBT。（没准跑马拉松就是你的 SBT 呢！）天天坐在躺椅上的你不可能一天之内直接参加 4.1 万千米以上的马拉松。你首先肯定会思考自己目前的状况：我现在能跑多远？我真的跑得动吗？

然后你会利用回答作为起点，设置一个又一个小目标，努力完成符合马拉松要求的长跑。一开始可能是 1500 米或者 800 米，甚至只是绕着街区走走路。

当你知道你身处何地，也知道了自己欲向何方（SBT），任务就变成了路线的规划。从下面的步骤开始入手。

1. 在一张空白纸上，顶格写下你目前所在的位置。努力做到真实、客观。比如说，如果你的目标是开一家餐厅，你可能要在纸上写下："我对美食和餐厅都有很深的了解。我自青年时期起就在相关的地方工作。我对自己想开的餐厅有某种程度上的清晰认知。但我知道我需要钱，我现在还背着五万美元的债务，信用评级也低于平均水平。"

2. 在这一页的最下面，写下你的 SBT。

3. 现在，开始规划两者之间的路线。上一个练习中你列出的那一列目标是为了抵达 SBT 需要采取的一部分行动。现在我们要给这些目标排个优先级。看着列表，问自己：有没有需要优先完成的目标？可以在相应的条目旁边打个心，或者直接把列表重新排序。

4. 有没有哪些目标存在问题？或许你得到的建议是做出某种尝试，或者和某些人联系，但你又不确定是不是真的会有用，那就在旁边打个问号。

5. 选一条作为起点。不用想太多，我们的建议是先避免打了问号的目标，从不那么困难但又确实有用的目标开始。问问自己：我今天可以先做什么？先写下来，然后计划一下何时以何种方式完成。

6. 完成了上一个目标以后，你会在哪一步？你下一步该干什么？再下一步呢？开始填补现实与 SBT 之间的那段空白吧。

 **自我训练贴士**

> 不要被你即将踏足的领域吓到。在餐厅的那个例子
> 里，债务可以偿还，信用评级和资产也都可以提升。
> 让大脑进入中立状态，用更加清醒的状态看待现实与
> 目标之间需要涉足的版图。提醒自己，没必要一次完
> 成，一步一个脚印就好。

〜 注意下一步要做什么

设定一个 SBT 的压力是巨大的。你的目标和刚开始设计
的路线可能会很长、很不完整，甚至可能还乱七八糟。你需
要学习许多的知识，锻炼许多的技能，积累许多的经验，完
成一个又一个里程碑才能抵达目的地。而这些还只是已知的
困难。正如我们在第三章中提到的，一路上还会有很多未知
的障碍。

如果一次性把所有东西都考虑在内，它会带来混乱和压
力，甚至会让人想直接放弃，因为要考虑的实在太多太多。
一个更加有效的方式是只关注过程。现在你有一张抵达目的

地的大概的路线图（可能只是草图，不那么完整），注意下一步该做什么。这里有一句古老的格言很值得放在心里：往大事想，从小事做。或者，正如中国古代哲学家老子的那句名言：千里之行，始于足下。

比如说，你的目标是让自己的公司规模扩张 20%。在上一个练习之后，你就会把这个目标分解成一个个有必要的小目标。现在的任务是一次只关注其中一个。你可能想先确认自己的销售团队是不是足够支撑这种规模上的提升，别只是想，要集中精力去做分析。这个任务完成以后，注意提升销售所需要聘用的员工。然后是确认新聘用的员工能否快速适应工作，开始销售。然后一件任务接一件。一次一件，周而复始，完成进步。

戴维曾经采访过连续创业家杰西卡·吉姆（Jessica Kim），听她分享了大学里第一次创业的故事。那是她在布朗大学（Brown University）的宿舍里发展出的一个烘焙生意。她称之为杰西卡的奇迹（Jesscia's Wonders）。起因是某一天她走进了当地的一家比萨店，看见了一盘待售的香蕉面包。这没什么神奇的，就是用莎纶包装纸包几片面包，上面插根牙签，标着价格。当时她看着那个香蕉面包时，心想：

我能做得更好。第二天，她带了些自己做的香蕉面包，问店家考不考虑卖她的那一款。店家同意了，她的面包一天之内就售罄。所以她接着做，比萨店接着卖。很快她在学校周围扩张了 13 个热门地点，走上了一条行得通的创业道路。

之后她的业务扩展到了超市，她的学习曲线也随之急速陡升。她是个很优秀的家庭烘焙师，但她没有经受过专业训练，随着订单的增多，她意识到自己根本不知道如何进行大量烘焙。由于她不知道做什么，于是便向当地的另一家烘焙店寻求帮助。她挑了一天走进了附近的一家硬面包店，问店主能不能给她一些建议。店主同意了，并邀请她早上 4 点进店。第二天早上，店主开始烘焙的同时，向杰西卡展示了大批量烘焙所需要的知识。

或许是因为这门生意是有机增长的，所以吉姆的任务从来没有越过自己的能力太多。她学习着下一步做什么，关注着下一个需要解决的问题，或者是下一个扩张生意规模的方法。当她发现自己不知道下一步做什么的时候，她解释道："我会去找一个比我多知道那么一点的人……我们经常觉得自己需要有名的专家或者是世界上顶级的导师才能继续前进，但其实你只要找一个比你多懂一点的人就可以了。"

这样的想法可以帮助你避免压力过大和精力涣散。如果你能对自己完成目标的每一步都有清晰而充分的认识，那自然很棒（只要你能保持住开放、灵活的训练思维，让事情跟着计划走），但想要成功也并不是非得这么做。美国前国务卿科林·鲍威尔（Colin Powell）曾经将他的工作——先是国家安全顾问，后来是参谋长联席会议主席形容为"持续性决策"。结果就是，他发展出了一套自己的决策哲学，简单来说："尽你所能挖掘所有信息，然后跟着直觉走。"他甚至浓缩成了众所周知的"40/70 规则"（40/70 Rule）。意思是，你没有必要等到完全肯定才开始，因为你准备好的时候一般都已经太晚了。你要做的是做好功课，收集 40%~70% 的所需信息就开始行动，静待其变。

> 我并不觉得我有什么特别突出的东西能让自己的人生在一个晚上改头换面。我指导过很多人……和餐饮相关的，我告诉他们，我根本算不上是个成功故事。比如说，我每天还得干苦活。我缓慢、循序渐进地向高处爬，一点一点成功。我为此骄傲。
>
> ——爱德华·李（Edward Lee），某餐厅老板

当然，即使是这样的规则也并没有让科林每一次都能做出正确的选择。但在他的职业生涯中，他成功做出了许多相当不错的决定，走得很远。没有人可以做出完全正确的行动，但可以确定的事实是，如果我们在不确定性当中停滞不前，甚至不做尝试，那我们不可能前进，哪怕一步。所以记住你的谦逊，保持开放的训练思维。在开始之前你永远没办法弄明白起作用的是什么，到底能起多大作用。所以，你只需要开始，把球往前踢，然后再踢一次，再踢，再踢。

〜 留下进步的足迹

作为一名绩效教练，杰森会记录所有与他合作的运动员的进步，给他们每一记挥杆的质量进行打分。他会记录他们例行准备动作（pre-shot routine）的时长，观察他们目光的转移（这能够让杰森明白球员是否在击球前想象过球飞到自己希望的落点的样子），并将这些数据与击球的成功程度（与目标的距离）进行对比。

作为自己的教练，你要自己为自己记录进步。根据目标和目的地的不同，过程也会有所不同，但都十分重要，主要原因有两点：

1. 记录进步能够让你明白行动是否起作用，并为将来采取更正确的方式或更有效的行动做准备。

2. 记录进步会带来灵感和动力，可见的进步会让原本遥不可及的目的地变得更加真实，更加易于获取。

通过这两种方式，记录进步这一行为同时完成了本章中的两个要求：提供信息支撑进步，提供灵感保持前进。

几年前，杰瑞·宋飞（Jerry Seinfeld）在电视节目大热之前，为了成为一名成功的喜剧演员而记录自己的进步。他知道成为更好的喜剧演员就要写出更好的笑话，要写出更好的笑话就要多写多练。所以他为自己设计了一个系统，给自己压力，让自己加强练习。他先是准备了一张墙壁大小的巨幅日历，一页纸上面就有全年的日期，然后挂在了一个自己经常能看见的地方。接着他准备了一支大号的红色马克笔，他告诉自己每天都要写一定数量的笑话，每完成一次，就在对应天数的位置画一个红叉，意思是今天他做到了。

"几天后你就会有一条链子，"他曾经解释道，"只要坚持下去，这条链子就会一天天变长。你会爱上看着它的感觉，尤其是成功完成几个星期以后。之后你唯一的工作就是不要让这条链子断开。别让它断开！"

掌控行动：留下进步的足迹

记录进步的方式取决于目的地。借助你创建的路线图开始，它可能还有待完善，但也能被当成一列长长的待办事项，用来记录你的旅程。以下建议也会有所帮助：

1.动笔：研究表明，人们更容易完成写下来的目标。所以不要把你的待办事项全部留在脑子里。

2.记号：从杰罗姆·艾伦的例子中找点灵感。当你完成某个步骤的时候，画一个大大的红叉或者做一个记号。记住，当你看见自己做出的进步时，你会更愿意坚持下去。

3.量化：如果你的 SBT 是获得晋升，那么你的待办清单可能就会像这样：①学习新的技能；②和相关人员建立联系；③和上司交流相关的想法，诸如此类。你可以在完成类似的事情以后做上一个标记。但有时候，你也可以通过数字记录自己的进步，这会变得更容易。如果你需要一笔相当数量的钱建立新的企业，每个月你需要存多少钱？如果你要减肥，每个星期你要瘦掉多少千克？如果你要提升销售额，每个星期、每个月、每个季度要销售多少产品？把这些数字分解成小的、更容易做到的目标。

4.时间表：这个方法只针对某些目标，让它们变得更容易、更直观。比如说，如果你想获得晋升，时间表就并不完全合适，但你可以这样想——三年内获得晋升或开始寻求新的机会。如果你想通过减肥达成改善整体健康状态的 SBT，量化就会更容易，放一张时间表在身边——三个月减掉 9 千克。

如果你都不在意星期一的表现，那么你也没资格担心因为自己星期日发挥不好而不愿意上场比赛。每天皆是如此，我只是完完全全让自己活在当下。星期一我是最好的拉里·菲茨杰拉德（Larry Fitzgerald）。星期二我也会是最好的拉里·菲茨杰拉德。星期三我也会是最好的拉里·菲茨杰拉德。如果我每天皆是如此，为什么我会担心星期日站在赛场上的我不是最好的我？每当我站在赛场上，想到自己已经尽力做到了一切，就会充满令人难以置信的信心。

——拉里·菲茨杰拉德，美国职业橄榄球大联盟退役外接手

学会和自己对话

在这趟可能漫长艰难的旅途中，灵感对坚持自我至关重要。我们要记住，灵感很容易枯竭，尤其当你踏足新的领域，尝试宏大目标的时候。所以，我们才要注意与自己对话的方式，了解我们想做什么，为了成功需要努力做到什么。脱离原本的航线很容易，比大部分人自以为的还要容易。

不知道你还记不记得在第二章中，我们讨论过的负面偏误（人们天生自带的，给予负面情绪更多关注的思考方式）？研究表明，负面的词汇和经历会深深地根植于我们的脑海，并发挥远超正面信息的心理影响。这听起来相当不凑巧，但人脑就是这么工作的。当然，如果我们能意识到这一点，就可以与现实合作，找到更有利的方式，解决这些问题，无视这些问题。

为此，我们可以倾听自己与自己的对话，了解我们渴望的成就和获得成就的能力，并建立更多的自我认知。当我们犯错，未能预料到前方的障碍时，会不会是我们自己打败了自己？我们有没有提醒自己，有些念头会破坏灵感和动力，比如我做不到，不够好，没有人会拿我当真？如果我们无法学会处理这些脑海中的负面信息，对自己的信念其实很容易就会受到实质的伤害。

在杰森成为绩效教练之前，在他还没有弄清楚自己下一份工作做什么之前，他和妻子去看了一场电影，叫《贫民窟的百万富翁》（Slumdog Millionaire）。这部电影讲的是与童年爱人失去联系的一个印度少年，他从未放弃寻找，历经漫漫长路终于成功。其中包括为此参加了"谁想成为百万富翁"的竞赛，因为他知道那个女孩儿会看这场节目。杰森和妻子在元旦前夜看的电影。走出影院的时候，他有所启发，决心在新的一年里再也不出于恐惧做判断。

就在第二天，元旦当天，杰森和妻子伊丽莎白讨论了一下接下来他想做的工作。他的妻子一直支持着他，从船厂辞职的时候，到感觉新的房地产工作是个错误的时候。新的一年将要迎来新的开始，伊丽莎白觉得自己应该给一些建议：

"你喜欢高尔夫，"她对杰森说，"那为什么不考虑一下高尔夫领域的工作呢？"

"我确实喜欢，"杰森承认，"但我从来没想过打职业。我大学里连碰都没碰过。哪会有人听我的呢？"

没有犹豫，伊丽莎白看着他说道，"听起来这就是个因为害怕而做出的判断。"

杰森成为绩效教练的旅途就这样开始了。但如果不是因为伊丽莎白的一番话，他可能会放弃这份完美契合他价值观和目的的工作，失去这份工作带来的诸多快乐和盟友。当我们负面的自我对话阻碍着我们的时候，这些能够拉我们一把的人是我们生命中的无价之宝。但也有些时候，我们只能自己学着去做。以下的掌控行动会给你一定的帮助。

掌控行动：欣赏自己

这项练习会帮助你将自我对话转向一个更加积极的方向。好几年戴维都在用这个方法给他的团队成员反馈，当你用在自己身上的时候，效果也一样会很好。

我们都有弱点，都会犯错，总有能提高的地方，改善的地方。但是对别人说，"你搞得一团糟"或者"你本来还能做得更好"并不是促进表现得特别好的鼓励——或者说并不会很有效。

如果用这种方式和别人交谈的效果都不好，那么和自己交谈怎么可能产生作用呢？当你记录自己的进步，分析各个行动有无意义的时候，注意一下和自己对话的方式。让自己进入一个更加积极、有益的思维模式，通过下面的步骤让自己更高效地完成对话。

1. 首先注意一下产生作用的内容：你最欣赏自己哪方面的努力？作用最大的部分是什么？

2. 写下来，然后问自己：怎么做才能更高效？

3. 不要去想那个"但是"。不要说："你做得很好，'但是'你没有做到别的应该做的事。"而要说："某件事你做得很好，其他事你可以做得更好。"

掌控行动：逆转立场

当你在脑海中听到了质疑自己能力的声音，这意味着刚好应该停下，进行探索。记住，训练思维要求我们对一切促进前进的东西保持开放坦然的态度，所以不要去相信，也不要去否定那个声音，保持住你的好奇心。用你的好奇心作为对话的开始，问自己一些问题：

1. 如果不是真的呢？

2. 你对目前的情况有什么感受，理由呢？

3. 事实是什么？

4. 你现在有哪些可选项？你原本的想法是什么？

让我们回到那个青年高尔夫球手的例子。他妈妈告诉他如果不能改善 136 米场地的平均球洞距离，就永远不可能打出足够杆数的小鸟球。

第一，他可以先问问自己，如果自己接收到的这条信息不是真的，会发生什么。如果不是真的，他就不会那么担心自己实现职业球手的梦想无法实现。这个问题很重要，因为它让你进入一种特殊的思考状态，用不同的方式对现实进行考量，分析信息的价值，而不是毫不质疑地接受。

第二，他意识到这条信息只会产生自我怀疑，并不能导向成功，所以他就需要想办法回到中立的状态或者重构这条信息。

第三，在杰森的帮助下他发现这条信息确实与事实不符。事实是单论这一项数据，他比职业高尔夫球手的平均水平还要高，并且他甚至还不是职业高尔夫球手！

第四，也是最后一点，这个过程为他带来了许多选择。他可以在这个领域继续精进自己的技术，也可以在其他真正落后于职业高尔夫球手的方面努力。最重要的是，他会意识到自己已经在做的事情是不是真的有效，也就不会再被质疑声和负面信息困扰，得以继续前进了。

第五章

自我训练习惯——持之以恒，努力进步

自我训练计划工具箱

- 建立自己的激励空间
- 决定今天想要有什么样的感觉
- 分享你的打算
- 创造自己的高光"胶卷"
- 逐年提高标准

> 成功不是目的地，失败也不是，最重要的是继续前进的勇气。
>
> ——温斯顿·丘吉尔（Winston Churchill）第 61、63 任英国首相

做不到坚持，方法将毫无价值，所以我们来到了最后这一章。作为书的结尾，我们要讨论保持动力的方法，让你永远驶在正轨，不断前进，向着 SBT 的目的地训练自己，攀上一个又一个高峰。

持之以恒的努力总能让我们的成功与众不同。哈里·阿内特（Harry Arnett）是一家新兴运动服装公司 Municipal 的联合创始人。他提到过一个每天上班之前都会做的仪式："每天早晨出门之前，我都会和我的妻子和孩子说，让我们保证今天要过得比昨天好，让我们保证今天至少给一个人带

去积极的影响。下车之前，我还会对自己重复一遍。"

正是这种方法帮他度过了在上家公司工作时艰难的周转期，那时候他经历了不少成长的痛苦。"我一直觉得，作为领导的作用是给我的公司、给我遇见的人带去积极的力量和能量。"有的早晨，他甚至会一直待在停车场自己的车里，直到自己做好准备。这就是他想要积极影响他人的决心，每一天皆是如此。

通用电气公司（General Electric）前首席执行官，已故的杰克·韦尔奇（Jack Welch）曾经称之为"演出的残酷鼓点。"杰米·戴蒙（Jamie Dimon），摩根大厦的首席执行官，常喜欢说"二流的行动力即便配上一流的战略也比不过一流的行动力"。每一位成功的人都会明白这个道理——如果你不能贯彻始终，再好的构思、梦想、目标、计划和战略都毫无意义。

对 SBT 来说是如此，对个人发展来说也是如此。我们总有进步的空间，这将是一个永不停息的过程，贯穿你的整个职业生涯，或者说整个人生。在本章中，我们会努力让你接受这个观点，并最大限度地实践这个观点。

〜 内置积极的动力

太多的人喜欢顺其自然地做事了。他们早上醒来，思考一下，然后就跟着感觉走。你猜结果会如何？总有一天你会不想做——不管那个时候你不想做的是什么事情。如果问问那些在规律生活、计划节食的过程中功亏一篑、脱离正轨的人你就会明白了，顺其自然的努力注定了总有一天你会不再想坚持。

因为，动力不会凭空出现。与主流观点不同，这并不是你每天早上醒来对自己下个决心就能拥有的东西。时不时就会缺乏动力并不意味着你的不足，要保持动力，最好的办法是将它嵌入你的训练流程当中，让自己不自禁地想去追求SBT，即使难关出现、精力和信念枯竭。

在你有需要之前，可以提前实施下面三个策略，保持住自己的动力，别等到低谷来临挫折出现时，现在就做。这样一来，当旅途颠簸（总会有的）时，你已经做好了准备。

策略一：提醒自己真正重要的是什么

我们总会有需要做的事，需要完成的目标。在这样日复一日的琐事当中，人们很容易迷失，在追求 SBT 的宏大目标，追求目的和价值观这样真正重要的东西时渐行渐远。所以，不论何时，不论何地，只要有可能，你都应该在身边留下痕迹，提醒自己真正重要的是什么。

戴维每天都会留意自己身边的事物。他在百胜公司的办公室里挂了许多人物像，这些人在过去的日子里为公司做出了杰出的贡献，是戴维认可的对象。因为实在太多了，所以墙上被挂满以后他连天花板的空间都没放过。同样，他家里的整个办公区域也变成了激励空间，提醒着他什么是重要的。这里有他赢过的奖项的照片，有他最自豪的几场演讲的照片，还有他家人的照片：他的父母、他的妻子温迪（Wendy）、他的女儿阿什莉（Ashley）的照片。

阿什莉早产了十个星期，一出生就进了新生儿重症监护室。医生告诉戴维和温迪，这个孩子可能会有脑部疾病，可能会有心脏病，可能会有各种各样棘手的疾病，包括急性呼吸窘迫综合征（ARDS）。提到预估结果的时候，医生说的也只有"我们只能留待观察"。

戴维第一次去新生儿重症监护室看阿什莉的时候，温迪还在护理期，所以他是自己去的。听医生说了那么多，再看到阿什莉小小的身体上插满的静脉注射器，这很难不让人害怕。但是当戴维看见自己女儿的时候，他觉得真是太可爱了，他本能地弯下腰，把手指放进了女儿的手心里。尽管阿什莉还很虚弱，但她小小的手却紧紧抓住了戴维的手指，一直抓着。

戴维感觉到阿什莉抓住了自己的手指，他知道自己的女儿能活下去，并且坚信着这一点，即使在之后的艰难日子里也从未有过动摇。又过了三个星期，他们可以把女儿从医院接回家了。她还是那么小，只能穿洋娃娃的衣服，但她变得健康了，之后她就一直健健康康地长大。戴维有一张那个时候的照片——她小小的手握着他手指的照片——就挂在他办公室的墙上。后面还有几十张阿什莉长大以后的照片，从小学到大学，再到结婚，如今已是三个孩子的母亲。

这些照片，以及其他所有展示的照片，将戴维的办公室变成了一个敦促他不断前进的圣地——这些最重要的、启发他的事物让他充满动力，每一天都想做得更好。戴维的这一招效仿的是他的父亲查尔斯（Charles）。查尔斯退休以后，得到了三份于他而言意义深重的礼物。有些人可能会把这些东西留在壁橱或者抽屉里，但查尔斯没有。他说："我要把这些礼物放在我那个'我爱我自己'的角落。"每个人都应该在家里或者办公室里追求这么一个角落，提醒自己日复一日的坚持究竟是为了什么。

杰森也做了类似的事情。他的屋子里到处都是海报、联赛的旗帜和照片，这是一种令人心情愉悦的提示。他知道了在过去的年月里，有多少人偶然通过他的训练得到了帮助。他真正实现了自己每天都要服务他人的目标。

掌控行动：建立自己的激励空间

1. 选一个你经常能看见的地方。办公室、电脑显示器旁边、卧室或者客厅的角落、冰箱上，只要你觉得合适，哪里都可以。确保那里要贴一张卡片，写上 SBT、目的和价值，让它们留在脑海中，强调它们的重要性。

2. 做完上面一步以后，再放上能够提醒自己的东西：我为什么要那么努力地完成目标？为什么要成为自己想成为的人？这些东西可以是照片、奖牌、同事的感谢信，只要对你而言有意义就可以。

3.经常来看看这个角落，别等到困难来临，需要给
自己激励的时候才来。

策略二：与自己想象的未来紧密相连

还记得本书第一章的最后，我们让你描绘了一下完成
SBT 的意义吗。这么做的目的是将完成 SBT 以后的未来可视
化，想象可能的感受。

现在，重新回顾一下那个练习，回忆一下自己写了什么
（也可能是绘画，或者做了张拼贴图，这取决于你当时的选
择），请特别注意一下成功带来的感觉。问自己如何一点点
将那样的感觉融入日常生活当中。

杰森曾经给他的一个客户梅根·克林根贝格（Meghan
Klingenberg）提过类似的建议。她是职业足球运动员，效力
于波特兰荆棘足球俱乐部（Portland Thorns），参与过女子世
界杯。克林根贝格一直有记足球日记的习惯，会在本子上记
录下自己想努力的方向、每日训练的计划、获得的进步和需
要改进的地方。她和杰森聊到自己的日记的时候，杰森指
出，她为自己设定的许多目标都是结果导向的。这意味着它
们都是基于她的表现、她团队的表现以及她们比赛的结果。

当然，她一定是想赢的，但很重要的一点是，输赢并不完全取决于自身。在团队运动当中这一点尤为明显。可能你当天发挥超常，但最后还是带着失败离开了球场。在现实中也是一样的。在生活中，我们能够掌控的东西就那么多，在这样的情况下，我们该如何保持自己的动力呢？

杰森建议克林根贝格根据两条准则设定一个日常的小计划：①非结果导向；②能够自己掌控。克林根贝格的小计划每天都可以变——有时候可以是"用孩子的心态享受比赛"，有时候可以是"散发快乐"或者"与他人的关系更亲密"。但不论她选择了什么，事实是情况真的有所改变，而且并不仅仅是对她而言。她开始习惯性这么做以后，教练在一次会议上主动跟她提到，最近有好几名队员称赞克林根贝格让她们在队伍中有了更多的归属感和亲密感。结果就是，赛场上的发挥更加优秀了。克林根贝格在职业生涯中获得了诸多成就，但在她看来，队友的赞美无疑是最棒的。

尽管我们的文化强调逻辑而非情感，但与现实相比，我们的情绪更能激发动力。比如说，戴维就相信对快乐的追求引领了他的整个职业生涯，使他从营销广告的文案作者一路变成首席执行官。并且，他在打高尔夫的时候也会用类似杰森的方式思考。发挥不佳而情绪低落时，他会为自己定一个获得更多乐趣的小目标。在一次比赛时，风很大，他的前 9 洞打得相当糟糕，他便不断提醒自己那个小目标，告诉自己这只是比赛中的一轮，自己还可以享受接下来几轮。这种态度上的转变使比赛的情况发生了变化，事实上，后 9 洞他有 4 球低于标准杆——这在他的高尔夫生涯中还是第一次！

所以，请注意自己的感受，去刻意培养积极的那一面，这会让你长久地保持住自己的动力。

掌控行动：决定今天想要有什么样的感受

1. 早起第一件事就问自己："我今天想要有什么样的感受？"可能答案和我们已经讨论过的一些感受是差不多的——快乐、愉悦、亲密、感激或其他的一些感觉。

2. 设定一个小目标，尽可能把这种情绪带入一整天当中。为此，问自己："今天有没有哪件事能让我感受到这种情绪？"

3. 努力做到那件事，然后再做一件，周而复始。在这一天里你要时时回顾自己的那个小目标，想办法培养这种情绪。

4.把它当成一个日常练习，每天早上都来一遍，看看最后会发生什么。

策略三：公开

戴维一直在用这个方法。不论目标是大是小，把目标公开都会给人紧迫感，让人不由自主地把它记在脑海中。他的做法是把自己的想法告诉别人，让他人监督，逼迫自己负起责任。

比如几年前，他决定减掉40磅①的肥，所以他报名参加了一个减肥锻炼的项目。那个时候已经是百胜公司首席执行官的他把这个项目告诉了身边所有的人，甚至还把这个项目推荐给了同样有减肥意愿的人。这样一来，这个项目变成了一段大家共有的经历，也变成了戴维和身边的人日常交谈的一部分。他开始减肥的时候，人们能够看到并和他讨论。这么做的效果很好，他建立起了健康的饮食习惯和锻炼习惯，体重也达到了预期的目标。时机真的恰到好处，因为没过多

---

① 一磅约等于0.45千克。——译者注

久，他就收到了自己的癌症诊断。他十分庆幸病发时自己的
身体状况良好，因此扛过了治疗。

当我们知道自己的进步会得到他人的关注时，思维方式
也会跟着转变。当我们的信念和精力枯竭的时候，可以借助
他人的力量重整旗鼓。对杰森来说正是如此。当他为没有参
加过职业级比赛而无法肯定自己应不应该将高尔夫教练当作
职业追求的时候，正是因为他曾经将自己的新年决心告诉过
妻子，决心不再受恐惧干扰做出判断，所以他的妻子才能在
那个关键时刻提醒他。

不过，你的分享对象同样重要。虽说不可能预判每个人
的反应，但也最好不要把自己的计划分享给那些喜欢暗中搞
破坏的人，或者是研究者口中的"层次较低"的人——这意
味着他们的观点对你来说没有太大的意义。俄亥俄州立大学
（Ohio State University）研究发现，将自己的计划分享给"层
次较低"的人，完成目标的百分比和不分享目标的人没有区
别。"在大部分情况下，分享计划都比不分享要好——只要
你重视分享对象的看法，"本研究的第一作者，霍华德·克
莱因（Howard Klein）这样总结。"你不会希望因为没有完成
目标而被他们轻视的。"

在之前的训练过程中我们培养了自我意识，现在依赖一下它也是个不错的选择。思考一下如果要获得动力、保持动力，你最需要什么？或许你还记得四分卫汤姆·布拉迪（第一章里那位）的故事。他发现有些队员喜欢欢呼和积极的鼓励，而有的队员，比如外接手朱利安·埃德尔曼，在被挑衅的时候表现更好。每个人都有所不同，产生动力的需求也不会一样，所以当你要把自己的计划吐露给别人的时候一定要记住这一点。我们听说过一位经验丰富的作家，每次她都会把自己的草稿分享给"天使"和"恶魔"两个人。天使总是给予鼓励和支持，所以这位作家总是先和天使聊，获得坚持下去的信心。然后她会再和恶魔聊——这个名字来源于那句俗语"细节决定成败"——恶魔会针对她所写的篇幅给予详尽的反馈。作家借此会在出版之前完成对作品的改善。

所以，什么东西最能够引起你的共鸣？问问自己，打算坚持下去的时候我最想要什么。

掌控行动：分享你的打算

1. 确定至少一个你可以信赖，可以分享 SBT 的人。

记住上面那个有关的研究，并记得利用你的自我意识，确保你真的在意选择对象的观点，也确保对你个人而言他是能够带来动力的人。

2. 今天就和他联系一下，让他经常性地抽查一下你的进步，确认你在为 SBT 努力。

～ 关于拖延症

我们总会有想要拖延的时候。事实上，根据动力与拖延这一课题领域的专家，皮尔斯·斯蒂尔博士（Piers Steel）的说法，95% 的人都承认他们有时候会拖延。（不得不怀疑另外那 5% 是不是缺乏自我意识，或者他们干脆没说真话！）

人们通常认为，拖延症是时间管理问题或者意志力问题，但研究者认为这其实是一种情绪管理问题。人们拖延的最普遍的理由有：

1.困惑：不知道自己该做什么，怎么做。

2.不适：对自己需要做的事情感到某种程度上的恐惧、无聊、无从下手或不愉快，因此想要极力避免。

3.注意力分散：因为困惑和不适或是单纯受到了过多的

刺激，无法掌控手头的事情，待做的事情堆积如山，最后无法集中。这也是我们大部分人如今的生活状态。

本书中提供的练习和工具也正是为了上述情况所做的。感到困惑，无法肯定自己要做什么？回到第一章，确保自己已经设定了一个清晰、目的明确的 SBT。或者回到第四章，提醒自己开始的路在哪里，该怎么抵达目的地。

质疑自己完成工作的能力？回到第二章中学过的思维工具，体会自己的感受，用自己能接受的方式重构困境，建立信念。

纵观全书，我们都在想办法帮你注意那些推动你前进的事物。这种精力上的集中可能有助于涣散最小化。当然，我们都很清楚这是个极其容易让人分心的世界，所以如果你依然容易走神，给自己定一些底线，比如下面这种。即使你不那么容易走神，这也是不错的方法，它能够确保在抵达目的地的路途上不断前进。

- 向自己承诺："早上醒来的第一件事不再是看手机。"

- 每天醒来的前五分钟，想一下自己的 SBT 和抵达目的地时的感受。选择三样你能做到的事情，向那个方向努力。

● 每周有规律地整理日程表，专注于自己的 SBT、记录
　自己的进步。对路线图进行增添或重改，直指目标。

　　再提醒一次，在你需要**之前**就准备好这些方法的效果
是最好的。你越是避免陷入拖延的情绪，越能做得更好。当
然，我们做不到次次成功。如果你发现自己已经进入了拖延
的状态，下面的自我训练贴士可能会帮到你。

 **自我训练贴士**

有个东西叫五秒法则，取自梅尔·罗宾斯（Mel
Robbins）的同名畅销书。内容很简单：如果你发现
自己在拖延，五秒内必须立刻开始你正在拖延的事
情。倒数 5、4、3、2、1，走！做你脑海里第一反
应的任何事情。杰森会在客户遇到困难的时候使用这
个法则。比如说，如果某个人没法决定今天怎么开
始——我应该先锻炼还是先吃早饭？——他就会告诉
对方，现在就做脑海里反应出来的那件事，直接开
始。这种方法不仅可以帮助我们摆脱拖延症，也可以
为我们提供动力——因为行动会带来更多的行动！

〜 接受失败与挫折

保持动力最大的阻碍之一就是我们路上遇到的挫折。当不可控的状况发生或当预感自己将要失败时，人们很容易会产生"既然做不到，为什么还要继续尝试"的想法。但是追求梦想，追求远方的目的地并不需要一次性就把所有事情做到最好。这条路上一定会有试错，要厘清世事，还要做出判断——不断重复这个过程，直到最后抵达渴望的远方。

现在最应该做的事情之一是，承认挫折总会发生，避无可避。生活不是静止不动的，所以即使你能掌控一些东西也依然会有新的障碍来临。这就是生活，不管什么领域、什么产业、什么环境、什么时候，对任何人来说，都是如此。你可以浪费时间和精力，祈祷事情不会如此发生，或是费尽心思和他们抗争。你也可以接受这些挫折，将它们视作馈赠。每一个挫折都是一个训练自己的机会，你可以在这个过程中提高适应性。杰森就喜欢告诉他的客户："这个世界上没有失败，只有经验。"

杰森的一个客户提供了完美的例子。他叫托尼·阿梅斯夸（Tony Amezcua），是墨西哥棒球联盟的投手，他的一只眼睛因为视网膜破裂而需要手术治疗。杰森和他一直有着合作的关系，之前，为了帮助这位投手建立信心，杰森设计了一个方法，让他在投球区的土墩上能够以中立的状态冷静下来，投球之前想象投出的画面。在他的眼睛受伤之前，这个方法已经取得了不错的效果。

一开始，阿梅斯夸并没有对手术产生过多的担忧。此前，他的眼睛也受过伤，通过手术他的视力得到了恢复，并且他重返了职业赛场。在回到投球区之前他也没有闲着，继续想象着自己的投球，在脑海中投出一道道弧线。

但这一次，事情的发展并没有他预期的那么顺利，他需要第二次手术，并且后面还做了第三次。最后，医生告诉他，他那只眼睛的视力再也不能恢复了。

把这件事情告诉杰森的时候，托尼觉得自己的生涯结束了。"谁会要一个独眼投手？"他心想。杰森告诉他自己能够理解他的担忧，但他可能过虑了。

"什么意思？"阿梅斯夸问道。

"是这样的，你是在假设自己的投球不可能像失去视力之前一样好，而且也不会有人给你尝试的机会。但其实你还不知道是不是这样，在你尝试之前你永远不会知道。所以为什么不先试试看会发生什么？”

杰森建议阿梅斯夸就用之前的方法应对这次挑战。阿梅斯夸照做了。一球接一球，他重拾了自己的信心，也重拾了作为球手的能力，这和手术之前没有任何区别。之后，一场比赛接一场，他向俱乐部证明了自己还能赢。

结果很成功。阿梅斯夸在那个赛季结束以后给杰森打了个电话，告诉他这是自己职业生涯中最棒的赛季之一。

当我们像阿梅斯夸一样遇到挫折，甚至面临彻底失败的时候，一定要提醒自己这并不是故事的结束。或许我们需要改变，或许只是需要振作起来再尝试一次。但不管是哪一种，事情暂时没有按照预期发展并不代表以后也不会。

新的障碍出现的时候，记住你有可以回顾的办法。不论你遇到什么问题，都可以通过练习和某种手段解决。当你开始过度思考、想要放弃的时候，记住这一点。

～ 记住你的胜利

有一天，戴维在佛罗里达州的塞米诺尔高尔夫球俱乐部里和雷蒙德·弗洛伊德一起打球。这位高尔夫球名人堂选手曾赢得过 63 次 PGA 巡回赛及冠军巡回赛，包括 1976 年的大师赛。弗洛伊德那天的发挥不错，但并没有到令人惊叹的地步。戴维知道他是一位多么传奇的选手，也一直很好奇这些名人的成功秘诀，所以大概在第 12 洞的时候，他问了弗洛伊德一个问题。

"当你赢下联赛，站在你的职业高度上，你都会想什么？"

弗洛伊德想了一下，回答道，"我在击球之前会看见我的每一个动作，我想到它在哪儿，它就会在哪儿。"

戴维觉得这个回答很有趣。但更有趣的是弗洛伊德说完这句话以后比赛走向的改变。第 13 洞，他差点一杆进洞。第 14 洞，他的击球离洞口仅有不到 1 米，并且成功打出了小鸟球。第 15 洞他如法炮制，然后来到第 16 洞。最终他连打 4 杆小鸟球，球球都难。那天有风，球场环境并不是很好。

之后，戴维问他怎么做到的——怎么在最后的 4 洞中使比赛翻盘的？

"一切源自你的提问，"弗洛伊德说，"你的问题让我思考自己参加大师赛的时候是怎么处理的，然后我就照着做了。"

戴维从他身上学到了这一点。当我们苦苦挣扎的时候，最好的做法或许是提醒自己曾经是如何成功过。这不仅仅针对那些有形的东西，比如在高尔夫球赛中打出一记好球的方法，也包括那些我们需要渡过的难关——当我们需要适应才能振作自己努力前进的时候，当我们需要鼓起勇气才能出发尝试新事物的时候。美国国家餐饮协会（National Restaurant Association）的总裁兼首席执行官，道恩·斯威尼（Dawn Sweeney）常常会想起自己职业生涯早期时的一段经历。那时候她勇气十足，经常为自己相信的东西发声。她所在的公司要参加美国农业部（USDA）的一项广告运动，来提高16~24周岁女性的牛奶摄入——人口数据表明这个群体的牛奶摄入量越来越低。"如果这种趋势再演变下去，牛奶的整体消费量将呈现断崖式的下降，"斯威尼解释道，"所以我们要尽力阻止这种下降，让喝牛奶这件事变得更受欢迎、更时尚、更有趣，让年轻女性接受它。"

斯威尼的老板给牛奶加工商委员会（Board of Milk Processors）呈递了几种不同的想法。其中就有20世纪90年代开始成为标志，现在相当有名的"牛奶胡子"[①]广告运动。

[①] 指大口喝下牛奶后在上嘴唇留下的白白的印记，形同胡子。这个广告运动以此形象作为宣传点。——译者注

但那个时候，该委员会并没有选这个方案。25 岁的斯威尼坚信这个决定是错误的。她看了一下，发现该委员会的成员均为 50 岁以上的男性，而这些人将决定对年轻女性说什么。接下来发生的事，用她的话说就是，"我觉得我那个时候可以说是勇敢，也可以说是鲁莽，你怎么说都行。我直接张口道，'我认为在这个屋子里我是唯一一个属于目标群体，或者起码接近目标群体的人，我真诚地认为你们的选择是错误的。'"

她进一步解释了自己相信牛奶胡子运动更好的理由，最终，在诸多讨论之后他们接受了这个方案。结果证明，不仅女性的饮奶习惯得到了彻底的改变，其他群体也受到了影响。在那个时代，这项运动为整个牛奶产业的进步起到了相当大的作用。如果斯威尼没有大胆张口，这一切都不会发生。

每个人都会有胜利的时刻——争取到某些东西的时候，达成心愿的时候，在艰难时刻开辟出自己道路的时候。面对障碍，无法发挥自己最佳水平的时候，不妨回到成功的过去，提醒自己我们能做到——而且曾经做到过那些宏大的目标。这样的事实会带来勇气和灵感，让我们继续前进。毕竟，既然过去能成功，现在又有什么能让你停下呢?

掌控行动：创造自己的高光"胶卷"

即便不知道具体是什么，但挫折一定会来，那不如现在就把成功的时刻记下来。我们称之为高光"胶卷"。它就像一条目录，记录下人生中最成功的时刻，在需要的时候时时回顾。它们是激励，让你明白自己也有能力成就大事。它们也是教训，可以分析出你的思考方式、对你产生作用或没有作用的东西——甚至二者兼有。

1. 写下你在生活中获得过的成功。有两种方法供你选择。其一，单纯地按照你想到的顺序写下来。其二，用一条时间轴，按照童年时期到现在的顺序进行排列。不论成功的大小，也不管这张列表最后会多长。尽你所能，直到灵感结束。

2. 完成以后，选择其中一项进行扩写。把当时所有的细节和你做出的贡献全部写下来。回忆一下你克服过的所有阻碍以及克服的方法。之后，换一个条目，如法炮制——根据自己的意愿和需要不停地循环。

　　3.结束上述步骤以后，把这几页纸装起来，放在容易拿取的位置。你甚至可以抄下来，放在自己的抽屉里或者是某个随手可及的地方。这样一来，在追求 SBT 的过程中碰到障碍的时候，在处境艰难、无法再信任自己的时候，就可以拿出来提醒自己，我已经做到了这么多伟大的事情，我一定可以。

 自我训练贴士

没法回忆起来自己的高光时刻？有些人的思考方式确实天生如此，所以问问那些能记住的人！可能是父母、同伴，也可能是挚友。问问他们怎么看待你人生中最大的成就。让他们聊聊——甚至夸一夸。然后别忘了把你听到的内容记下来，下次你就能自己回忆起来了。

〰 从失败和挫折中成长

　　你应当还记得第二章中的重构法。在本书中我们已经运用过了多次，包括对失败的看法。我们之前就说过，但这里值得再重复一次：一定要记住，挫折和失败都是生活中最好的老师。没有它们，我们不可能像现在一样学习和成长，最终收获成功。当下可能是痛苦的，但每一次出错，我们都要在脑海中重构那个时刻。这并不是说我们没有能力，而是要当作学习成长的机会。然后，必须吸取教训。

万宝盛华集团（Manpower Group）北美业务总裁贝基·弗兰基维茨（Becky Frankiewicz）曾经告诉戴维，在她的职业生涯早期有一次"意义非凡的失败"，至今仍然记忆深刻。那时候，她所在的公司正要发行一项新的产品，她对此有着非常强烈的个人观点，她很早就有了设想，也做了相关功课，十分肯定自己的发行策略是最棒的。但有个比她高几个级别的人——一位她非常尊重的女士听了方案的介绍以后，给出了极其令人沮丧的回应。"你怎么会这么建议？"那位女士问道。"这件事根本不能这么做。"

弗兰基维茨对这样的回应感到心灰意冷，十分干脆地放弃了自己的想法。正如她所说的那样："我知道我是对的，但我被吓到了……在那个需要勇气的时刻。所以我失败了。"

这个故事和之前我们提过的道恩·斯威尼的故事很像，

但结果却截然不同。一个的回忆是积极的，另一个人却是消极的，但她们都没有忘记这段经历。没过多久，事实就证明弗兰基维茨应当大胆说出自己的想法。因为他们的竞争对手用她设想过的方式发行了一件类似的产品，并且大获成功。或许你觉得她会为了这次机会的错失而自责，但事实上她心怀感激。没错，**感激**。

"现在我再回头看，会庆幸它发生在我刚入职场的时候，"弗兰基维茨说道，"不管怎么说，我没办法肯定当时就一定能成功，但我确实没有努力去争取过。"她从中获得了教训，并且牢记心中。"我已经在职业生涯中犯过一次那样的错误了，绝不能再犯第二次。"

有时候，你能从挫折和失败中醒悟自己将来应该做出什么样的改变，但也有的时候，确实就是你自己能力不足、缺乏优势、无法适应环境——没有关系。事实上，这甚至可能是件好事。这些教训是最令人刻骨铭心的。我们应该直面失败的可能性：可能刚创业就失败，可能会失去最想要的工作，可能会以某种方式被击倒，从此感到东山再起无望。

杰森曾经和一个叫马特（Matt）的客户合作过。他是航空飞行员，也是高尔夫球的爱好者。他们相识的契机是马特想要改善自己打球入洞的技术，但最后他却以未曾预料的方式从杰森那儿学到了别的有用的东西。在密歇根州（Michigan）体验雪橇摩托的时候，马特第一次目睹意外。他原本在很开心地飙车，突然在视线的角落看见黑色和黄色的闪光，他在停车点刹车，回头检查。然后看见另一辆雪橇摩托撞到树上发生了严重的车祸。车辆完全报废，驾驶员伤势严重。马特立马上前进行了心肺复苏急救。维持安全的工作人员也很快带着除颤器赶到了现场，但于事无补，受伤的男子当场身亡。

马特十分惊恐，他不断自问为什么这一切会发生。那名男子出事的地方相当平整，是一头公鹿贸然闯入了他的路线，是他喝醉酒了，还是单纯的失控？马特的大脑里满是各种可能性，但没有一样能算得上是合理的解释。

之后，马特回到家中重回飞行员的岗位。差不多一个月以后，他有了一些症状。他说自己的胸口有发热的感觉，就像涂了薄荷膏；他的眼皮会抽动；他无法入睡，总是被反复出现的噩梦惊醒，梦里一遍又一遍地重复着那场意外。

没有办法，马特看了很多医生，最终确诊了创伤后应激障碍（PTSD）。他不想服药，因为这期间他会留在地面不得起飞。但在尝试了几种疗法而未能有所改善的情况下，他决定自己还是吃药为好。

这是一段相当艰难的时光，但马特决心要回到飞行员的岗位。除了服药，他还尝试了冥想和其他杰森教授的方法。凭借他人的帮助，马特得以在一段时间内，清醒地意识到自己的大脑在注意什么，并接受了这一点。他学会了如何让自己的神经系统平静下来，进入中立的状态，他能够将自己的注意力转移到自己想要的地方上。当他半夜醒来，脑海里奔涌着焦虑的想法时，他也有了回到中立状态的手段，能够闭上眼睛回到睡眠中去。

这个过程花了一些时间，但最终马特得以摆脱药物，回到飞行工作当中。这段挫折出现得无比突然，但马特明白自己能够找到方法渡过难关。这也是我们身陷泥潭的时候应当吸取的教训。先尝试，因为在这之前你永远不会知道自己能做到什么程度。而且，也正是在这些最艰难的时候，才会孕育出真正的成长。

〜 保持思维的灵活

通过有益的方式重构失败和挫折的优点之一在于，它能够让你保持灵活的、具有创造力的思维方式，而不是对事情原本预期的走向耿耿于怀。在你的旅途中，总会有各种各样的意外让你质疑，重新审视自己的道路，这都没有关系。我们希望你从本书中得到的最主要的收获之一是，不论发生了什么，你都有能力选择自己想要的反应。而踏上旅途之前所做的准备——也就是整本书竭力想要阐释的内容——会极大地影响你选择积极思考、推动自己前进的能力。

万事达卡公司（Mastercard）的董事长阿杰伊·班加（Ajay Banga）曾经谈到过自己从过往经历中学会了要保持灵活、适应环境。他在印度长大，当时他所生活地区的基础设施并不是非常完备。正因如此，他说，"我学会的第一件事情是，永远准备好一个乃至两个备选方案。比如，如果要开餐厅，总会有可能在你不希望停电的时候停电了，不希望断水的时候供水系统出问题了。"

你没办法控制这些东西，我们在生活中面对的大部分事情都是如此，但你可以做好准备，接受所有的突发情况，用自己的方式解决问题。所以在第四章中，我们没有建立一张完整、详细的路线图，没有条分缕析，完全确定。因为这是一项需要不断精进的工作，而且也应该如此。在抵达目的地之前的路途上，它都会如此。

甚至在面对自作自受的挫折时也是。错误总会发生，但不论错误是否因你而起，纠正的过程总是一样的：

1. 意识：注意到自己偏离了正轨。

2. 中立：保持中立的模式审视现状、思考对策，而不是指责、困顿，把时间和精力浪费在不该浪费的地方。

3. 目的：提醒自己想往哪儿走，理由是什么。

4. 方法：用适合自己的手段修正路线，向着更加有意义的方向前进。

有时候我们的整个人生都有可能迎来未曾预料的改变，这也会改变我们的目的地。在戴维的职业生涯中，"美食、营销和人"永远是关键点，永远是追求，因为他从中收获了快乐。把注意力放在这三者上面让他一路升到了首席执行官的职位。直到健康问题转移了他的精力。

一切要回溯到他和百胜公司前特许经营人杰米·库尔特（Jamie Coulter）的谈话。他们很久没见过面了，所以戴维问起了库尔特在忙些什么。就是那个时候，库尔特告诉他自己得了乳腺癌。在此之前，戴维从来没有意识到男性也会得乳腺癌，但当发现自己的左乳房有一个肿块时，他立刻想起了那次谈话。如果不是因为库尔特，戴维可能就忽视这一点了。他立刻去看了一位又一位医生，做了许多检查，结果表明他患上了乳腺癌。

突然之间，扛过疾病，恢复健康变成了戴维新的SBT。

他决定尽己所能，将让自己活下去、幸福地活下去的可能性最大化。首先，他发挥了自己对学习的热爱，尽可能发掘自己需要做什么。他通过认识的人获得建议和支持，阅读了手头能获得的所有有用的资料。当了解到兰斯·阿姆斯特朗（Lance Armstrong）在化疗期间坚持一天两次锻炼的时候，他决定自己也要这么做。

戴维觉得自己同样要保持脑力和精神上的活跃。他从百胜公司首席执行官的职位上退了下来，但并不意味着他就想整天卧在躺椅上。尽管仍然在接受化疗，他还是决定开一家新公司。或者，化用一下高产作家肯·布兰查德（Ken Blanchard）的话，他没有退休，他只是通过新的方式重燃了生命。

终于拨云见日，渡过难关之后，他的价值观有了变化，但目的依然相同。美食和营销不再是最大的驱动力了，但"人"依然是他的关注所在。所以他向自己新的公司戴维·诺瓦克领导力（David Novak Leadership）投注了心血，以帮助他人成为更好的领导者，建设一个更美好的世界。

这就是他新的 SBT，代表着竭尽全力保持前进、保持健康、尽自己最大的可能过最好的生活。

> 正是在我最难过，最不稳定的时候迎来了最大的成长。
> ——琳内·杜格提（Lynne Doughtie），毕马威前总裁兼首席执行官

〜 不断抬高自己的标准

最后，我们想聊聊在完成 SBT 以后，如何保持长远的个人成长。总会有一座又一座山峰等你去攀越，因此成长和成功永无止境，自我训练也是。这就是生活：努力抬高自己的标准，在更高的眼光下挑战自己，日日夜夜训练自己，变得越来越优秀。

你用来训练自己的办法，采取过的行动和进行过的练习，都可以被放在自我训练工具箱里，都是可以拿出来反复利用的工具。为了开阔眼界，提高自己的水平，你可以回到开头，重复相同的步骤，不断地重复。

对那些站在某个领域最前端的人们来说，这就是现实，这就是戴维的生活。他成了《财富》500强公司的首席执行官，即使退休了也要继续尝试涉足新的商业领域，他在成功之前也经历了不少波折。同样地，杰森因为热爱高尔夫球选择成了教练，但在这个过程中他对训练有了诸多体会，现在可以给各种运动员提供训练指导。甚至包括其他行业的年轻人、企业主管、飞行员——只要是想提高自己日常工作表现的人，他都能提供帮助。

杰森的客户之一，高尔夫球手贾斯汀·罗斯（Justine Rose）就一遍又一遍向他证明，自我训练永无止境。罗斯当然会和专业的教练一起合作，但是当他走上赛场准备击球的时候，他只有自己和那个高尔夫球。即便是到了他那个水平，有着高度的专业性，也需要知道如何树立"自我"才能成功。2016年当他在里约热内卢参加奥运会的时候，这一点尤为明显。最后一轮时，比分咬得非常紧，而罗斯却接连失利。原本他可能会被压力击垮，但并没有。杰森总是说："相信你的方法和判断，它们自己会处理好自己的。"罗斯照做了。他没有把心思放在自己犯的错误上，而是集中注意，思考自己想要什么样的展开。他集中了自己需要的信息，对处理击球做出了判断，上前挥出了漂亮的一杆，最后以小鸟球收尾，赢得了金牌。

对良好训练的需求永远不会结束，不论你处于什么年龄段，不论你在职场上处于哪个位置。事实是，戴维和杰森通过在各自的领域训练彼此，短短几年就建立了良好的关系。这就是最好的实例。

掌控行动：逐年提高标准

在最后的练习中，我们希望你能接受这个挑战，不断地提高对自己的标准。戴维每年的 1 月 1 日都会这么做（已经坚持了几十年），确保接下来一年的自己和上一年比有所进步。并且，新的一年中他总能发现新的努力方向。

这很直接、很有必要，问自己两个问题：

1. 今天的我是什么样子的？

2. 明天的我该如何做得更好？

戴维喜欢在一张 3 厘米 ×5 厘米的卡片上把答案写下来。他会贴在冰箱上，在接下来的一年里时时查看。我们鼓励你也这么做。等到下一年接着这么做，不断重复！

戴维的提高标准练习

今天的我是什么样子的？ 明天的我该如何做得更好？

● 经验丰富的教练 → 把学习方法编成册传授给别人。

● 充满激情的播客主 → 向其他播客学习。

● 专注热心的奉献者 → 更多自发的给予。

● 优秀的读者 → 每月至少一本好书。

● 健康的生理状态 → 坚持每日锻炼，每周一天休息。

● 热爱家庭的男人 → 更多的交流、支持和鼓励。

● 优秀的高尔夫球手 → 小比赛努力，大联赛尽力。

杰森的提高标准练习

今天的我是什么样子的？ 明天的我该如何做得更好？

● 丈夫 → 做更好的规划和管理。

● 儿子 → 无条件的爱。

- 兄长 → 要求不再那么苛刻。

- 朋友 → 接受每个人本来的样子。

- 教练 → 为顾客负起更多的责任。

- 运动员 → 想办法参加更多的运动。

现在你有了知识储备，懂了技巧，可以开始找机会，甚至创造机会进行自我训练了。你可以发掘身边的机遇，将训练带到当下，帮助自己度过艰难的日子，扩展知识面，提高能力，取得个人的成长和职业上的成就。你已经拥有了一切，可以去创造你想要的生活，剩下的就是动手去做了。前途不可限量！

用你的训练能力帮助他人

托尼·阿梅斯夸，那位在失去了一只眼睛的视力以后依然坚持职业道路的棒球投手，在和杰森合作以后做了一件有趣的事情，他决定成为一名教练。阿梅斯夸在洛杉矶长大，休赛期（他依然在墨西哥棒球联盟参加职业比赛）的时候，他会在那里给年轻人提供训练，帮助那些跟他年轻时候一样想要学习这项运动的人实现愿望。

之所以这么做，根据他的说法，是因为"爱上了'训练'的这个过程"，希望把这份喜爱传递下去——尤其是传递给孩子们。他注意到，孩子们总会被教育要专注于结果，专注于输赢，而不是学习、成长、变强的过程。他指导的孩子从 9 岁到 23 岁不等，而指导的内容也远不止比赛的技巧本身。比如说，阿梅斯夸最近刚开始指导一位很有前途的年轻球员，这个小伙子的自卑心理非常明显。他非常害羞，也不敢张口说话。但仅仅一个月，阿梅斯夸就已经能看出他的变化了。他能够挺胸抬头地走进房间，变得更加乐观，更加自信。这种改变能够让这个小伙子在接下来的人生中受益匪浅，不管他最后是否走上了职业球员的道路。

对我们来说，像阿梅斯夸这样拾起了成功的人，会自发地从训练自己转向训练他人，并不是什么令人惊讶的事。能够帮到别人，看着他们找到独属于自己的道路，是我们职业生涯中最高的回馈。所以最后，我们还想说几句，我们希望能把你的成功拔高到另一个程度：用训练自己的方式训练他人。通过这种方式，你能从本书的训练技巧中收获更多。

作为百胜公司的首席执行官，戴维可以列举出无数金融和商业上的成功案例以标榜他在公司里度过的岁月。但更重要，显然也更值得回味的，是他努力培养了二十多位后辈。这些人陆续都成了顶尖公司——比如帕纳拉面包公司（Panera Bread）、卡夫亨氏公司（Kraft Heinz）——的领导者，甚至是达拉斯市的市长。最让他满意的是，他帮助了如此多的领导者，带着他们培养自我意识和自我训练，提高能力，发挥潜力。更棒的是，这些领导者中又有许多人将那种蓬勃的训练文化推广到了自己的组织当中，影响了更多的人。

无独有偶，杰森曾有幸担当过一部分世界级高尔夫球手的教练，包括多位大赛冠军。在体育赛场之外，大学生、资历较浅的职场人员等，也都通过杰森的帮助在自我成长的过程中建立了自信。应该说，阿梅斯夸不是杰森手下第一个想要训练他人，想要基于自己学到的知识帮助他人的客户。正是用这种方式，自我训练的技能被传播给了越来越多的人。

类似帮助他人的故事也可以成为你的个人高光之一，你也并非需要和其他人建立正式的指导关系。我们在日常交往中，都可以找到时机，和周围的人一起关注现实，用更加有益、更加能动的方式面对当下。只要我们有意识地努力、处处留心、运用好训练技能，就一定能做到。

我们相信，随成功而来的一定有帮助他人的义务。我们相信，与他人分享自己的心得，看见他人借鉴自己的经验获得成功，一定会是你一生中最自豪、最满足的经历之一。在自己选择的领域里获得成就是非常愉快的，但日复一日为他人的生活带去积极改变，则是一种无与伦比的感受。

当我们回顾自己的职业生涯，这些时刻都会刻骨铭心，带给我们无可比拟的快乐——我指的并不是获得个人的成就，而是帮助他人完成他们的宏大目标，让他们做到能做却不敢想的事。学会自我训练对个人成长来说将是无价之宝，但它同时也是为他人充当智囊、提供启发、走向成功的第一步。

在掌控你自己的同时，接下这个挑战吧：用学到的知识服务他人。正如领导者兼演说家布克·T. 华盛顿（Booker T. Washington）所写："助人多者多乐，助人少者多苦。"做一个尽己所能帮助他人的人吧——你不会后悔的。

鸣谢

能够一起完成这本书是一件绝对愉悦的事情。我们都热衷于帮助他人发挥潜力，一如对这本书的期许。

我们两个想要感谢的第一个人是克里斯塔·博尔格（Christa Bourg），在她的帮助下本书得以完成。克里斯塔不仅完全理解了我们的想法，还帮助我们扩充了自我训练的工具箱，凝练了我们的思考结果，将其转变成了切实可行的行动计划。她是完美的专家，聪明绝顶，为本书附加了诸多新的价值。与她合作是一种十足快乐的体验。我们很清楚，没有她就没有这本书。谢谢你，克里斯塔！

同时，我们也欠各自的妻子，温迪·诺瓦克和伊丽莎白·戈德史密斯一个感谢，她们在创作的每一个阶段都投入了弥足珍贵的心血。我们要感谢戴维·诺瓦克领导力团队，尤其是阿什莉·诺瓦克·巴特勒（Ashley Novak Butler），他们也付出了同样的努力。此外，我们还要感谢罗希特·巴加瓦（Rohit Bhargava）及创意出版社（Ideapress）的团队，感谢他们在本书出版过程中付出的所有辛苦。

最后，我们感谢本书提到的所有人，以及那些花费时间关心我们，与我们分享经验的人。是他们帮助我们一步步磨砺训练技巧。很荣幸能够把这些心得带给各位读者。

感谢各位购买本书。作者会将所有从本书中获得的净收入都捐献给非营利慈善机构戴维·诺瓦克领导力。这些资金将被用于培养更加优秀的领导者，让这个世界变得更加美好。